Huangheyuan Shuidianzhan Yingxiangqu
Shengtai Huanjing Diaocha Yanjiu

黄河源水电站影响区 生态环境调查研究

马莲净　甘学斌　孟军省　王权宾／著

U0324179

中国矿业大学出版社
·徐州·

内 容 提 要

本书以最大程度保护黄河源园区水文生态环境为研究背景,全面系统地对黄河源水电站影响区进行了水环境及水生生态环境、陆生生态环境和生态敏感区的现状调查研究,既是现场调查研究成果的总结,也是产学研协作的集中体现。书后还附有调查区域植物样方调查表、主要维管束植物名录以及动物名录。

本书可供相关专业的研究人员借鉴、参考,也可供广大教师教学和学生学习使用。

图书在版编目(C I P)数据

黄河源水电站影响区生态环境调查研究 / 马莲净等著.—徐州:中国矿业大学出版社,2021.12

ISBN 978 - 7 - 5646 - 5249 - 4

Ⅰ.①黄… Ⅱ.①马… Ⅲ.①黄河－流域－水力发电站－影响－区域生态环境－研究－青海 Ⅳ.①X321.244

中国版本图书馆 CIP 数据核字(2021)第 255878 号

书　　名	黄河源水电站影响区生态环境调查研究	
著　　者	马莲净　甘学斌　孟军省　王权宾	
责任编辑	何晓明	
出版发行	中国矿业大学出版社有限责任公司	
	(江苏省徐州市解放南路　邮编221008)	
营销热线	(0516)83884103　83885105	
出版服务	(0516)83995789　83884920	
网　　址	http://www.cumtp.com　**E-mail**:cumtpvip@cumtp.com	
印　　刷	苏州市古得堡数码印刷有限公司	
开　　本	787 mm×1092 mm　1/16　**印张** 11.25　**字数** 202 千字	
版次印次	2021 年 12 月第 1 版　2021 年 12 月第 1 次印刷	
定　　价	58.00 元	

(图书出现印装质量问题,本社负责调换)

前　言

　　为保护好黄河、长江和澜沧江源头这一"中华水塔",2015 年 12 月 9 日,中央全面深化改革领导小组第十九次会议审议通过《三江源国家公园体制试点方案》,将三江源国家公园作为我国第一个国家公园体制试点。

　　2019 年 9 月 18 日,习近平总书记在黄河流域生态环境保护和高质量发展座谈会上强调:"黄河流域是我国重要的生态屏障和重要的经济地带""保护黄河是事关中华民族伟大复兴和永续发展的千秋大计"。2021 年 6 月 7 日,习近平总书记在青海考察时强调:"要落实好国家生态战略,总结三江源等国家公园体制试点经验,加快构建起以国家公园为主体、自然保护区为基础、各类自然公园为补充的自然保护地体系,守护好自然生态,保育好自然资源,维护好生物多样性。"2021 年 10 月 21 日三江源国家公园正式成立,由黄河源园区、长江源园区和澜沧江源园区组成。

　　黄河源园区多年平均水资源总量为 264.3 亿 m^3,占黄河流域水资源总量的 49%。区域内复杂的地形和高原气候条件为野生动植物提供了多样化的生境类型,孕育了野牦牛、藏野驴、藏羚羊等重要野生动物 50 余种。但同时,区域内生态环境脆弱,对气候变化敏感,一旦受到气候和人类活动干扰,生态系统将明显退化,影响到黄河流域的生态系统服务功能。

　　黄河源水电站地处黄河源园区,为黄河流域第一水电站。黄河源水电站坝址位于三江源国家级自然保护区扎陵湖-鄂陵湖保护分区实验区和缓冲区内,电站回水涉及该保护分区的核心区。因此,黄河源水电站影响区生态环境非常敏感,涉及三江源国家级自然保护区扎陵湖-鄂陵湖保护分区和星星海保护分区、鄂陵湖国际重要湿地、扎陵湖国际重要湿地、玛多湖国家重要湿地、扎陵湖鄂陵湖花斑裸鲤极边扁咽齿鱼国家级水产种质资源保护区。

为认真贯彻党中央生态文明思想,满足三江源国家公园生态系统原真性和完整性保护的需要,三江源国家公园管理局和青海省政府、发展改革委、生态环境厅、林业和草原局等各部门高度重视黄河源水电站区域的生态环境保护问题。本书以最大程度保护黄河源园区水文生态环境为研究背景,全面系统地对黄河源水电站影响区进行了水环境及水生生态环境、陆生生态环境和生态敏感区的现状调查研究,既是现场调查研究成果的总结,也是产学研协作的集中体现。

本书第1章、第2章和第6章由马莲净撰写,第3章和第4章由马莲净、孟军省撰写,第5章由甘学斌、王权宾撰写。

本书撰写过程中得到了三江源国家公园管理局副局长田俊量及生态环境处久谢、彭琛、许巍,青海省生态环境厅路予芳、何跃君,黄河水利委员会西宁水文水资源勘测局局长范世雄,黄河勘测规划设计研究院有限公司总工程师李清波,青海省水文水资源勘测局段水强等的大力支持,同时感谢赵宝峰、刘招、吕嘉玮、刘苏、陶全霞、冯杰、丁严冬等给予的帮助。

著　者

2021 年 10 月

目　　录

第 1 章　概　况

1.1　黄河源区与三江源黄河源园区

黄河发源于青藏高原巴颜喀拉山北麓的约古宗列盆地,自西向东分别流经青海、四川、甘肃、宁夏、内蒙古、陕西、山西、河南及山东 9 个省(自治区),最后流入渤海。黄河源区位于青藏高原的东北部,其南北界分别为巴颜喀拉山和布青山,其西界为雅拉达泽山,形成一个以鄂陵湖和扎陵湖为汇水中心、黄河贯穿其中,并向东开口的盆地状谷地。黄河源头分南北源,南源为发源于巴颜喀拉山北坡的卡日曲,北源为约古宗列曲,卡日曲和约古宗列曲在约古宗列盆地汇合,然后由西向东流,穿过两湖地区,在多石峡拐向南,流出黄河源区。

为保护好黄河、长江和澜沧江源头这一"中华水塔",2021 年 10 月 21 日三江源国家公园正式成立,由黄河源园区、长江源园区和澜沧江源园区组成。黄河源园区地处号称"千湖之县"的青海省果洛藏族自治州西北部玛多县境内,属于黄河源区上游,区内包括了以扎陵湖-鄂陵湖、星星海为代表的高原湖泊群。黄河源园区面积为 1.91×10^4 km²,占玛多县总面积的 78.01%。园区东与玛沁县毗邻,南与果洛藏族自治州达日县和四川省石渠县接壤,西南与玉树藏族自治州称多县相连,西靠玉树藏族自治州的曲麻莱县,北与玛多县花石峡镇相接。黄河源园区包括了黄河乡、扎陵湖乡和玛查里镇 19 个行政村以及位于玉树藏族自治州曲麻莱县麻多乡扎陵湖湖泊水体和湖滨带(含扎陵湖鸟岛)的 248.55 km²。

1.2　黄河源水电站

黄河源水电站位于青海省果洛藏族自治州玛多县扎陵湖乡境内,为一坝后式电站,地理位置如图 1-1 所示。大坝位于鄂陵湖湖口下游 17 km 处的黄河干流上(图 1-2),距玛多县城 40 km,距西宁市 540 km。

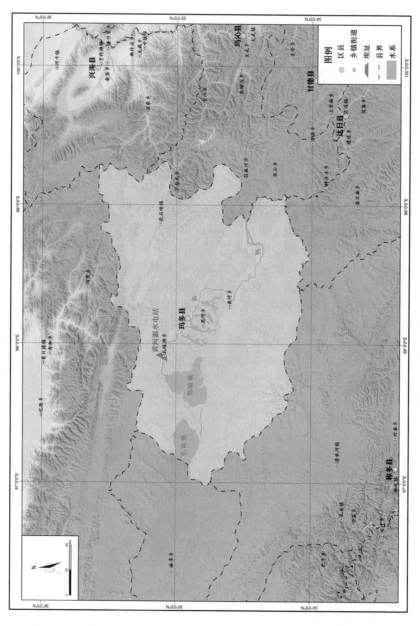

图1-1　黄河源水电站地理位置图

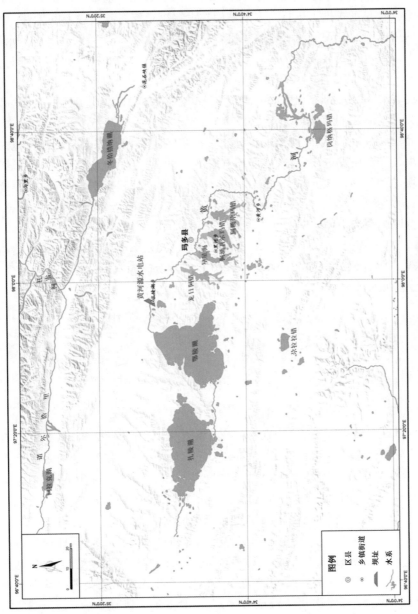

图1-2　黄河源水电站水系位置图

黄河源水电站于 1998 年 4 月开工兴建,2001 年 11 月下闸蓄水,2001 年 12 月 28 日实现单台机组试发电,2005 年 11 月通过初步验收,2006 年 7 月通过竣工验收并正式投入运行。水电站的建设解决了青海省唯一无电县——玛多县的用电问题。黄河源水电站装机 2 500 kW(2×1 250 kW),水库与坝址上游 17 km 处的鄂陵湖连为一体,水库总库容 $2.50×10^9$ m³,调节库容 $1.46×10^9$ m³(属多年调节库容),防洪库容 $9.8×10^8$ m³,是一座具有巨大调蓄功能的多年调节水库。电站设计洪水位 4 271.05 m,相应库容 15.21 亿 m³;正常发电水位 4 270.15 m,最低发电水位 4 267.78 m,死水位 4 267.78 m,死库容 $0.61×10^8$ m³。水库为 50 年一遇洪水设计,1 000 年一遇洪水校核。黄河源水电站由大坝、溢洪道、发电放水管、厂房和升压站等组成。其中,大坝为黏土心墙砂砾石坝,最大坝高 18.0 m,坝顶长 1 521.63 m,坝顶高程 4 273.00 m,坝顶宽 5.0 m。防渗体为黏土心墙,心墙顶高程 4 271.61 m,顶宽 2.0 m,底宽 6.0 m,上下游坡比均为 1:0.15。

玛多县电网于 2016 年 9 月 5 日接入国家 330 kV 电网,黄河源水电站与 330 kV 电网并网发电 1 个月,2016 年 10 月 5 日黄河源水电站停止发电至今,现处于开闸放水状态。

1.3 自然环境概况

1.3.1 气象

玛多属高寒草原气候,一年之中无四季之分,只有冷暖之别,通常又把冷暖两季分别称为冬季和夏季。冬季漫长而严寒,干燥多大风;夏季短促而温凉,多雨。据玛多县气象站资料,年平均气温 −4.1 ℃,除 5—9 月份,各月平均气温在 −3.0 ℃ 以下,最冷的 1 月份为 −16.8 ℃,1978 年低达 −26.6 ℃,极端日最低温 −48.1 ℃,是青海省极端日气温最低的地方。最热月 7 月份为 7.5 ℃,极端日最高温 22.9 ℃;累年气温小于或等于 0 ℃ 的日数为 94.8 天,即使是最温凉的夏季,最少也有 10 天以上。玛多高原白天日射强,地面接受热量多,升温快,散热量大,气温日差较大,年平均 14.0 ℃。全年无绝对无霜期。玛多县大风日数多,从 11 月至次年 4 月最为频繁,一般占年大风日数的 70%～85%。大风的年际变化大,最多的 1966 年达 110 天,最少的年份仅出现 12 天。大风的连续日数最长达 10 天,最大风速 34 m/s。各月大风风向大部在西北-北西

北之间,这类大风最为普遍,风速大、持续时间长。玛多县年均降水量 303.9
mm,但年际变化大,最多的年份 434.8 mm,最少的年份 84.0 mm。

1.3.2 径流

1.3.2.1 水文站设计年径流量

根据《青海省水资源评价报告》,黄河沿水文站设计年径流成果见表 1-1,
设计径流年内分配成果见 1-2。

表 1-1 黄河沿水文站设计年径流成果表

频率	20%	50%	75%	95%	均值
年径流量/万 m³	110 300	51 480	24 490	7 001	71 396

表 1-2 黄河沿水文站设计径流年内分配成果表

频率	项目	天然径流量												
		1 月	2 月	3 月	4 月	5 月	6 月	7 月	8 月	9 月	10 月	11 月	12 月	全年
20%	流量/(m³/s)	9.80	6.32	7.37	8.89	14.0	21.3	47.2	96.2	93.0	60.3	31.4	21.7	35.0
	径流量/万 m³	2 625	1 528	1 974	2 304	3 750	5 521	12 642	25 766	24 106	16 151	8 139	5 812	110 300
50%	流量/(m³/s)	11.9	10.8	11.0	13.2	12.3	11.8	18.8	16.3	25.5	32.6	19.1	12.8	16.3
	径流量/万 m³	3 187	2 606	2 946	3 421	3 294	3 059	5 035	4 366	6 610	8 732	4 951	3 428	51 480
75%	流量/(m³/s)	3.30	1.04	2.70	4.08	10.6	11.9	17.8	17.1	12.0	8.79	2.56	0.69	7.77
	径流量/万 m³	884	251	723	1 058	2 839	3 084	4 768	4 580	3 110	2 354	663.6	185	24 490
95%	流量/(m³/s)	3.02	2.93	2.39	1.88	1.64	1.01	1.77	3.51	2.98	4.03	1.32	0.08	2.22
	径流量/万 m³	809	709	640	487	439	262	474	940	772	1 079	342.1	22.5	7 001

表 1-2(续)

频率	项目	天然径流量												
		1月	2月	3月	4月	5月	6月	7月	8月	9月	10月	11月	12月	全年
多年平均	流量/(m³/s)	14.2	12.2	11.5	13.4	13.8	16.7	31.2	38.9	41.2	38.7	22.9	15.9	22.6
	径流量/万 m³	3 806	2 958	3 083	3 478	3 703	4 339	8 355	10 419	10 680	10 374	5 939	4 262	71 396

1.3.2.2 鄂陵湖湖口设计年径流量

湖口以上流域面积 18 199 km²,黄河沿水文站集水面积为 20 930 km²,两者相差仅 12%。按面积比推算工程地址的径流量,围堰处多年平均径流量为 63 192 万 m³,湖口处设计年径流成果见表 1-3,设计径流年内分配成果见表 1-4。

表 1-3 湖口处设计年径流成果表

频率	20%	50%	75%	95%	均值
年径流量/万 m³	97 626	45 565	21 676	6 197	63 192

表 1-4 湖口处设计径流年内分配成果表

频率	项目	天然径流量												
		1月	2月	3月	4月	5月	6月	7月	8月	9月	10月	11月	12月	全年
20%	流量/(m³/s)	8.67	5.59	6.52	7.87	12.4	18.9	41.8	85.1	82.3	53.4	27.8	19.2	31.0
	径流量/万 m³	2 323	1 352	1 747	2 039	3 319	4 887	11 189	22 805	21 336	14 295	7 204	5 144	97 626
50%	流量/(m³/s)	10.5	9.5	9.7	11.7	10.9	10.4	16.6	14.4	22.6	28.9	16.9	11.3	14.4
	径流量/万 m³	2 821	2 307	2 607	3 028	2 915	2 708	4 456	3 864	5 850	7 729	4 382	3 034	45 565
75%	流量/(m³/s)	2.92	0.92	2.39	3.61	9.38	10.5	15.8	15.1	10.6	7.78	2.27	0.61	6.87
	径流量/万 m³	782	222	640	936	2 513	2 730	4 220	4 054	2 753	2 084	587	164	21 676

表 1-4(续)

频率	项目	天然径流量												
		1 月	2 月	3 月	4 月	5 月	6 月	7 月	8 月	9 月	10 月	11 月	12 月	全年
95%	流量 /(m³/s)	2.67	2.59	2.11	1.66	1.45	0.89	1.57	3.11	2.64	3.57	1.17	0.07	1.96
	径流量 /万 m³	716	628	566	431	389	232	420	832	683	955	303	20	6 197
多年 平均	流量 /(m³/s)	12.6	10.8	10.2	11.9	12.2	14.8	27.6	34.4	36.5	34.3	20.3	14.1	20.0
	径流量 /万 m³	3 369	2 618	2 729	3 078	3 278	3 840	7 395	9 222	9 453	9 182	5 257	3 772	63 192

1.3.2.3　湖口至坝址设计年径流量

（1）区间多年平均径流

本次鄂陵湖湖口至黄河源水电站坝址区间年径流量的计算推荐采用径流深等值线法的结果，见表 1-5。

表 1-5　径流计算结果一览表

断面名称	年径流量/万 m³	平均流量/(m³/s)
湖口至坝址区间	3 647	1.16

（2）区间设计年径流

计算得到的鄂陵湖湖口至黄河源水电站坝址区间不同保证率下的设计年径流成果，见表 1-6。

表 1-6　区间设计年径流计算成果表

频率	20%	50%	75%	95%	平均值
K_p	1.31	0.91	0.69	0.49	
径流量/万 m³	4 778	3 319	2 516	1 787	3 647
流量/(m³/s)	1.52	1.06	0.80	0.57	1.16

（3）区间设计径流的年内分配

鄂陵湖湖口至黄河源水电站坝址区间无水文站,因此以黄河沿水文站为参证站,根据典型年的年内分配过程,采用同倍比缩放法计算出区间设计径流年内分配成果,见表1-7。

表1-7　区间设计径流年内分配成果表

频率	项目	1月	2月	3月	4月	5月	6月	7月	8月	9月	10月	11月	12月	全年
20%	流量/(m³/s)	0.42	0.27	0.32	0.39	0.61	0.92	2.04	4.17	4.03	2.61	1.36	0.94	1.5
	径流量/万 m³	114	66	86	100	162	239	548	1 116	1044	700	353	252	4 778
50%	流量/(m³/s)	0.77	0.69	0.71	0.85	0.79	0.76	1.21	1.05	1.64	2.10	1.23	0.83	1.1
	径流量/万 m³	205	168	190	221	212	197	325	281	426	563	319	221	3 319
75%	流量/(m³/s)	0.34	0.11	0.28	0.42	1.09	1.22	1.83	1.76	1.23	0.90	0.26	0.07	0.80
	径流量/万 m³	91	26	74	109	292	317	490	471	320	242	68	19	2 516
95%	流量/(m³/s)	0.77	0.75	0.61	0.48	0.42	0.26	0.45	0.90	0.76	1.03	0.34	0.02	0.57
	径流量/万 m³	207	181	163	124	112	67	121	240	197	275	87	6	1 787
多年平均	流量/(m³/s)	0.73	0.62	0.59	0.69	0.71	0.86	1.59	1.99	2.10	1.98	1.17	0.81	1.2
	径流量/万 m³	194	151	157	178	189	222	427	532	546	530	303	218	3 647

1.3.3　洪水

1.3.3.1　以往工程设计洪水成果

根据《青海省黄河干流防洪工程可行性研究报告》,黄河干流玛多段防洪标准为10年一遇,黄河干流玛多段防洪断面设计洪水见表1-8。

表 1-8　黄河干流玛多段防洪断面设计洪水一览表

序号	防洪断面或河段名称	参证站	面积/km²	均值	不同频率设计值/(m³/s)					
					1%	2%	3.33%	5%	10%	20%
1	扎陵湖乡段	吉迈站	18 428	53.6	209	180	159	143	114	83.5
2	黄河沿站	吉迈站	20 930	60.9	237	205	185	162	129	94.8
3	玛查里镇段	吉迈站	20 930	60.9	237	205	185	162	129	94.8
4	达日县特合土乡段	吉迈站	37 064	485	1 142	1 024	954	866	743	616
5	达日县建设乡段	吉迈站	40 897	535	1 260	1 130	1 050	955	820	680
6	吉迈站	吉迈站	45 019	589	1 390	1 240	1 140	1 050	902	748
7	甘德县上贡麻乡段	吉迈站	45 019	589	1 390	1 240	1 140	1 050	902	748
8	甘德县德昂乡段	吉迈站	49 140	643	1 510	1 360	1 270	1 150	985	817
9	甘德县岗龙乡段	门堂站	51 645	861	2 030	1 820	1 660	1 540	1 320	1 090
10	门堂站	门堂站	59 655	1 080	2 540	2 280	2 090	1 930	1 650	1 370
11	久治县门堂段	门堂站	59 655	1 080	2 540	2 280	2 090	1 930	1 650	1 370
12	玛曲站	玛曲站	86 048	1 760	3 920	3 540	3 260	3 030	2 630	2 210
13	河南县柯生乡段	玛曲站	86 705	1 773	3 950	3 570	3 290	3 050	2 650	2 230
14	军功站	军功站	98 414	1 970	4 390	3 960	3 650	3 390	2 940	2 480
15	玛沁县拉加镇段	军功站	98 414	1 970	4 390	3 960	3 650	3 390	2 940	2 480
16	班多二级电站	军功站	107 520	2 110	4 690	4 230	3 792	3 620	3 150	2 650
17	同德县团结村段	唐乃亥站	111 752	2 130	4 740	4 280	3 940	3 660	3 180	2 680
18	同德县上下才乃亥段	唐乃亥站	117 539	2 240	4 980	4 500	4 140	3 850	3 340	2 810
19	唐乃亥站	唐乃亥站	121 972	2 320	5 170	4 670	4 300	3 990	3 470	2 920

1.3.3.2　鄂陵湖、黄河沿水文站汛后实测资料

根据实测资料,鄂陵湖 2018 年汛期后水位、库容见表 1-9。

表 1-9　鄂陵湖 2018 年汛期后水位、库容

时间				水位/m	库容/亿 m³
月	日	时	分		
9	18	16	33	4 271.34	124
10	15	12	00	4 271.20	123

根据黄河沿水文站 2018 年实测资料,黄河源水电站 2018 年临时围堰溃口处的实测流量见表 1-10。

表 1-10 2018 年汛后临时围堰溃口处的实测流量

时间				流量/(m³/s)
月	日	时	分	
9	2	21	00	320
9	4	17	30	115
9	5	17	00	115
9	8	18	00	150
9	18	20	00	150

1.3.4 泥沙

调查区河道的泥沙主要因汛期 5—9 月的洪水和春汛期冰雪融水的洪水冲刷地表而形成。根据《青海省水资源评价报告》中多年平均输沙模数分区图、《青海省水文手册》中多年平均侵蚀模数等值线图,分析流域多年平均输沙模数为 5～50 t/(km²·a),考虑到鄂陵湖出口断面及黄河源水电站坝址断面均位于鄂陵湖出口以下 17 km 以内,经鄂陵湖调蓄后,河道泥沙量较小,本次计算多年平均悬移质输沙模数取 5 t/(km²·a);推移质的计算根据青海省的实际情况,一般按悬移质的 10%～30% 来考虑,本次计算根据北方河流特点,采用悬移质的 20%。泥沙计算成果见表 1-11。

表 1-11 泥沙计算成果一览表

断面	集水面积/km²	悬移质输沙量/t	推移质输沙量/t	输沙总量/t
鄂陵湖出口处	18 199	90 995	18 199	109 194
黄河源水电站坝址	19 188	95 940	19 188	115 128

1.3.5 冰情

根据黄河沿水文站逐年冰厚及冰情统计资料,最早结冰日期出现于 8 月下旬,最晚结冰日期出现于 10 月中旬;最早融冰日期出现于 4 月下旬,最晚融冰日期出现于 6 月下旬;每年冰情月达 8 月之久,封冻天数 150 天左右,河心最大冰厚 1.28 m,岸边最大冰厚 1.15 m。

1.4　社会经济概况

1.4.1　行政区划与人口

玛多县域海拔 4 500 m 以上,总面积 2.53 万 km²,下辖 2 乡 2 镇(扎陵湖乡、黄河乡、玛查里镇、花石峡镇),30 个村和 2 个社区,总人口 14 490 人,其中藏族占总人口的 93%。

扎陵湖乡地处玛多县西南部,距县城 42 km,是三江源国家级自然保护区核心腹地,也是母亲河黄河的发源地,生态地位极其重要,辖区内有闻名遐迩的扎陵湖和鄂陵湖。全乡总面积 946 万亩,可利用草场面积 558 万亩。年平均气温－4 ℃,全年无绝对无霜期。全乡下辖 6 个村,包括尕泽村、多涌村、擦泽村、卓让村、勒那村和阿涌村,共有 857 户 2 410 人,生态管护员 749 名。

黄河乡位于玛多县东南部,总面积 707.23 万亩,其中可利用草场面积 508.83 万亩。年平均气温－4 ℃,全年无绝对无霜期。全乡行政区划为 7 个村,包括阿映、热曲、江旁、塘格玛、白玛纳、斗江和果洛新村,共有 985 户 3 006 人。

玛查里镇位于玛多县委县政府所在地,总面积 6 587 km²,占地约为 988 万亩。其中,草场面积为 896 万亩,可利用草场面积 772.07 万亩。全镇下辖 9 个村和 1 个社区,全镇共有 2 415 户 5 227 人,其中牧业人口 1 068 户 2 894 人,占总人口的 44%。

花石峡镇地处玛多县东北部,东与海南州兴海县毗邻,南接玛沁县和达日县,西与玛查里镇、扎陵湖乡相邻,北与海西州都兰县接壤,素有"青南门户"之称。2002 年,由原花石峡乡、黑海乡、清水乡三乡撤乡建镇。花石峡镇全镇土地总面积 9 486 km²,全镇下辖措柔、东泽、吉日迈、日谢、斗纳、扎地、维日埂、加果 8 个村和花石峡社区。全镇共有 2 190 户 5 843 人,其中牧业人口 1 640 户 5 014 人。

1.4.2　经济规模与经济结构

玛多县现有乡镇大多以牧业为主体经济。2011 年,玛多县地区生产总值 1.42 亿元(不包括黄河干流国家大中型水电站产值),其中第一产业增加值 0.44 亿元,第二产业增加值 0.36 亿元,第三产业增加值 0.62 亿元,第一、二、三产业增加值占 GDP 的比重为 30.9∶25.0∶44.1。

1.5 生态环境调查研究范围、时段与方法

1.5.1 调查研究范围与时段

本次调查区主要包括黄河源水电站拆除可能影响到的三江源国家级自然保护区扎陵湖-鄂陵湖保护分区、库区、坝下河道、星星海保护分区。黄河源水电站与各保护区位置关系如图 1-3 所示。本调查时段主要包括黄河源水电站建设前(1994 年)和停运期(2017 年)两个时期,这两期调查范围的遥感影像图如图 1-3 和图 1-4 所示。

1.5.2 生态环境现状调查方法

1.5.2.1 水环境调查分析方法

(1)基础资料收集

水文数据选用黄河源区的黄河沿水文站 1956—2018 年逐年实测降水量、径流量和输沙量。黄河沿水文站设立于 1955 年 6 月,其设站是为了给黄河流域水资源与水文生态环境研究提供基础依据,是黄河流域第一个水文站,也是主要控制站。黄河沿水文站在青海省玛多县境内,集水面积 20 930 km²。

(2)数据分析方法

各水文要素年际变化趋势分析采用 Mann-Kendall(M-K)和 Spearman 秩次相关检验法。Mann-Kendall 法广泛应用于气候、水文分析,其优点在于不需要样本遵从一定的分布,也不受少量异常值的干扰,更适用于时间序列变化分析,其检验统计量为"正"表示序列呈增加趋势,为"负"表示序列呈减少趋势,显著性水平为 0.1 时检验统计量临界值为±1.64,显著性水平为 0.05 时检验统计量临界值为±1.96,显著性水平为 0.01 时检验统计量临界值为±2.58。在 Spearman 法中,检验统计量为"正"表示序列呈增加趋势,为"负"表示序列呈减少趋势,显著性水平为 0.1 时检验统计量临界值为±1.295,显著性水平为 0.05 时检验统计量临界值为±1.669,显著性水平为 0.01 时检验统计量临界值为±2.389。

径流量和输沙量随时间序列变化的突变分析使用有序聚类法。由于气候变化和人类活动的复杂性,因此水文序列可能不止一个突变点。通过有序聚类法可以找出所有可能的突变点,方法是:先对所有水文时间序列进行检验,找到

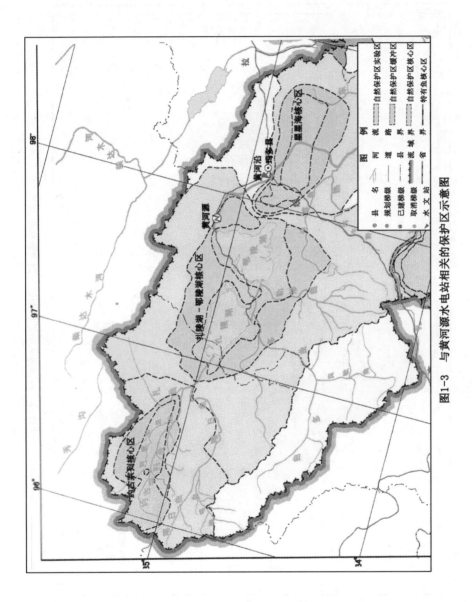

图1-3　与黄河源水电站相关的保护区示意图

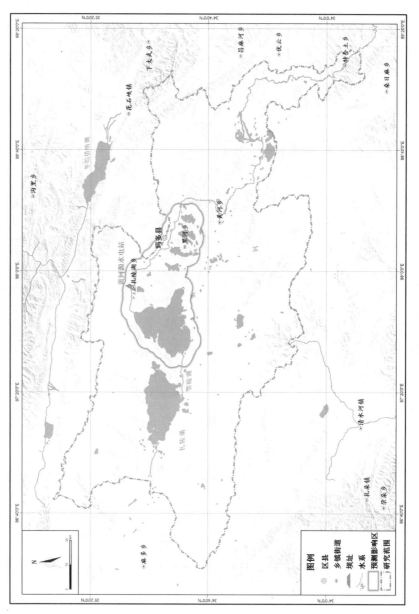

图1-4 黄河源水电站影响区与调查研究范围

一级变点,再以一级变点为临界点将原序列一分为二,然后分别对变异前后的序列进行检验,当序列检验的最小统计量小于临界量时,则认为找到了所有的变异点。

降水量、径流量和人类活动对输沙量的影响程度采用双累积曲线法。双累积曲线法是检验两个参数间关系一致性及其变化的常用方法,被广泛用于评价人类活动对降水、径流及输沙量等方面的影响,是目前用于判别水文气象要素一致性、长期演变趋势及辨析两个主控因素作用的最简单、最直观和最广泛的方法。

1.5.2.2 陆生生态现状调查方法

(1)基础资料收集

收集整理项目涉及区域现有生物多样性资料,包括林业、环保、住建等部门提供的相关资料,尤其是《三江源国家级自然保护区总体规划及科学考察报告》《三江源国家公园总体规划报告》,报告编写的过程中参考了多篇专业著作及科研论文。

(2)陆生生物资源调查

① GPS 地面类型及植被调查取样

GPS 样点是卫星遥感影像判读各种景观类型的基础,根据室内判读的植被与土地利用类型图,现场核实判读的正误率,并对每个 GPS 取样点做如下记录:

a. 读出测点的海拔值和经纬度。

b. 记录样点植被类型,以群系为单位,同时记录坡向、坡度。

c. 记录样点优势植物以及观察动物活动的情况。

d. 拍摄典型植被外貌与结构特征。

② 植被和植物调查

在对调查区陆生生物资源历年资料检索分析的基础上,根据拆除方案确定调查路线及时间,进行现场调查。实地调查采取样线调查与样方调查相结合的方法,确定调查区的植物种类、植被类型等,对珍稀濒危植物调查采取野外调查、民间访问等相结合的方法进行。对有疑问植物和经济植物还采集了凭证标本并拍摄照片。

a. 调查路线选取

调查时以黄河源水电站坝址为中心,重点是坝址上游的三江源国家级自然保护区扎陵湖-鄂陵湖保护分区、坝址下游的星星海保护分区,以及黄河源水电站坝址、库区、溢洪道及坝址下游黄河两岸生境调查路线如图 1-5 所示。

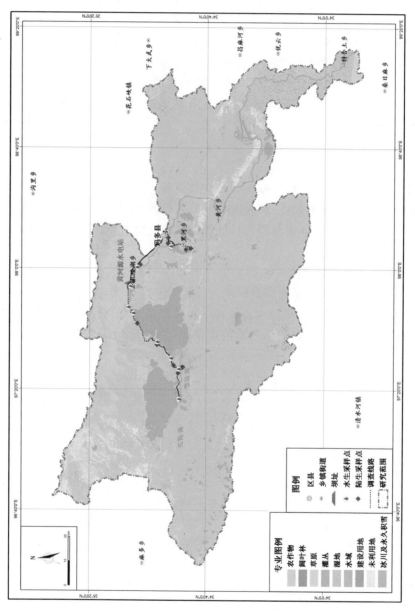

图1-5　生态环境现状调查路线与调查点位分布图

　　针对以上区域采用线路调查与样方调查的方式进行,即在调查范围内按不同方向,根据不同生境,选择几条具有代表性的线路进行调查,沿途记载植物种类、采集标本、观察生境等;对集中分布的植物群落及重点调查区域进行样方调查。

　　b. 样方布点原则

　　植被调查取样的目的是要通过对样方的研究准确地推测调查区植被的总体,所选取的样方具有代表性,能通过尽可能少的抽样获得较为准确的有关总体的特征。在对调查区的植被进行样方调查过程中,采取的原则是:尽量在坝址上游的三江源国家级自然保护区扎陵湖-鄂陵湖保护分区、坝址下游的星星海保护分区以及黄河源水电站坝址、库区、溢洪道及坝址下游黄河两岸设置样点,并考虑调查区布点的均匀性。所选取的样点植被为调查区分布比较普遍的类型。样点的设置避免对同一种植被进行重复设点,对特别重要的植被内植物变化较大的情况,可进行增加设点。尽量避免非取样误差,即:避免选择路边易到之处;两人以上进行观察记录,消除主观因素。

　　以上原则保证了样点的布置具有代表性,调查结果中的植被应包括调查区分布最普遍、最主要的植被类型。

　　c. 样方调查内容

　　样方调查采用样方调查法,乔木群落样方面积为 20 m×20 m,灌木样方面积为 5 m×5 m,草本样方面积为 1 m×1 m,记录样地的所有种类,并利用GPS确定样方位置。

　　陆生植物及植被的调查参考以上办法,由于本项目重点是对湿地生境中植物的影响进行研究,因此,植物及植被的调查重点为三江源国家级自然保护区扎陵湖-鄂陵湖保护分区、坝址下游的星星海保护分区以及黄河源水电站坝址、库区、溢洪道及坝址下游黄河两岸的湿地植被及植物。

　　d. 湿地植物种类调查

　　调查地点:尽可能地选择那些未受或少受人为干扰的地点进行调查;由于地表形态起伏不平,沿着地形梯度变化的方向进行;沿着水浸梯度变化的方向进行;根据湿地面积的大小和湿地生境的复杂程度确定调查线路的数量;对目标植物的调查,根据其生活习性和生态类型选择调查地点。

　　调查方法:在选择的调查区域内,调查所有植物种类;对于已有植物种类资料记载的湿地,充分利用现有资料进行野外核实,并通过补充调查加以完善,一般情况下,样方标本都进行了采集。

e. 湿地植被调查

野外调查根据群落结构的复杂程度选择适当的调查方法。结构简单、优势种单一的群落,通过经验目测加以确定;结构较为复杂、多优势种的群落,采用样方法进行调查,并根据群落的复杂程度采用样线法确定布设样方的大小。

群落样地设置:样地数目——根据湿地面积大小和群落结构的复杂程度来确定样地数量。样地布局——首先利用地形图或野外初步勘察资料,根据生境和群落外貌的主要差异,将整个湿地植被划分为不同的植被单元;在每一个植被单元内,沿着水位、地形等主要生境因子梯度变化的方向确定各类典型样地调查。

群落生境调查:记录样地地理位置、地貌部位、土壤类型、水文状况(积水状况等),填写湿地植物群落样地调查表。

③ 陆生动物调查

在调查过程中,确定调查区内动物的种类、资源状况及生存状况,尤其是重点保护种类。调查方法主要有实地考察、访问调查和资料查询。

考察黄河源水电站各种主要生境,主要以样线法和样点法对各种生境中的动物进行统计调查。根据动物物种资源调查科学性原则、可操作性原则、保护性原则以及安全性原则,对于不同的陆生脊椎动物采用不同的调查方法:

a. 两栖、爬行类:主要以样线法为主,辅以样方法对区域内两栖、爬行类动物类群进行调查。根据两栖、爬行类动物分布与生境因素(如海拔梯度、植被类型、水域状态等)的关系设置样线,样线尽可能涵盖不同生态系统类型。本次调查时,两栖、爬行类动物的调查主要是访问及查阅资料,重点参考资料为《三江源生物多样性:三江源自然保护区科学考察报告》《三江源国家公园野生动物本底调查》等。

b. 鸟类:主要采取样线法和直接计数法对保护区现场鸟类动物资源进行调查。重点调查鄂陵湖湖区和星星海湖区,调查过程中调查人员分两组采取直接计数法对两个区域的水鸟种群进行调查记录。水鸟以外的种类,采用样线法。根据不同的生境类型设置两条以上不同长度的样线,一般为 1~3 km,调查时沿着固定的线路行走,并记录两侧见到的鸟类。同时,综合参考了《三江源生物多样性:三江源自然保护区科学考察报告》《三江源国家公园野生动物本底调查》《生物多样性观测技术导则》,以及扎陵湖、鄂陵湖、星星海的观鸟记录和三江源国家级自然保护区扎陵湖-鄂陵湖保护分区 2015 年的鸟类监测报告。

c. 兽类:主要采取总体计数法和样方法,以样方法为主,总体计数是在调查区域内通过肉眼观测兽类。样方法是设置一个 500 m×500 m 的样方,观测样方内兽类或者其活动痕迹如粪便、卧迹、足迹链、尿迹等。同时,访问了三江源国家公园管理局相关技术人员,并参考了《玛多县陆生哺乳动物资源调查报告》。

1.5.2.3　水生生态现状调查方法

(1) 调查地点

相关技术人员根据控制性、代表性、整体性、可操作性原则,考虑到既能与以往水生生物调查资料有可比性,又能全面反映其水生生物现状,设计了 8 个饵料生物采样点,如图 1-5 所示。

(2) 调查方法

① 水体理化性质

水体理化性质监测调查按《地表水环境质量标准》(GB 3838—2002)进行。

按照《环境监测技术规范 第四册 生物监测(水环境)部分》(国家环境保护局,1986)、《水库渔业资源调查规范》(SL 167—2014)、《内陆水域渔业自然资源调查手册》(张觉民 等,1991)、《淡水浮游生物研究方法》(章宗涉 等,1991)进行采样和检测。

水生生物调查方法主要依据《淡水浮游生物研究方法》《内陆水域渔业自然资源调查手册》,同时参照《水环境监测规范》(SL 219—1998)进行。

② 浮游植物

定性标本采集:小型浮游生物用 25 号浮游生物网,大型浮游生物用 13 号浮游生物网,在表层至 0.5 m 深处以 20～30 cm/s 的速度做"∞"形巡回缓慢拖动 1～3 min,或在水中沿表层托滤 1.5～5.0 m^3 的水。

定量标本采集:小型浮游生物用有机玻璃采水器于距表层 0.5 m 水深处取水样 1 L。大型浮游生物因数量稀少,每个采样点各采水样 10 L,用 25 号浮游生物网过滤,收集水样装入玻璃瓶中。

标本处理:水样采集之后,立即加固定液固定。对藻类、原生动物和轮虫水样,每升加入 15 mL 左右的鲁哥氏液固定;对枝角类和桡足类水样,100 mL 水样加 4~5 mL 福尔马林固定液。固定后,样品带回实验室保存。

从野外采集并经固定的水样,带回实验室后必须进一步浓缩,1 000 mL 的水样直接静止沉淀 24 h 后,用虹吸管小心抽掉上清液,余下 20~25 mL 沉淀物转入 30 mL 容量瓶中。

标本鉴定:定性标本——在显微镜下用目镜测微尺测量大小,根据其大小、形态、内含物参照藻类分类标准[参考《中国淡水藻类:系统、分类及生态》(胡鸿钧 等,2006)]定出属种,一般确定到属。定量标本——一般采用 0.1 mL 计数框,10×40 高倍显微镜下分格斜线扫描计数。具体操作如下:用 0.1 mL 定量吸管吸取摇匀后的样品液,放入 0.1 mL 浮游生物计数框中在显微镜下计数,并参照《淡水浮游生物研究方法》等统计到种的细胞数,然后换算成每升含量。

室内先将样品定量为 30 mL,摇匀后吸取 0.1 mL 样品置于 0.1 mL 计数框内,在显微镜下按视野法计数,数量特别少时全片计数,每个样品计数 2 次,取其平均值,每次计数结果与平均值之差应在 15% 以内,否则增加计数次数。

每升水样中浮游植物数量的计算公式如下:

$$N = \frac{C_s}{F_s \cdot F_n} \cdot \frac{V}{v} \cdot P_n$$

式中 N——1 L 水样中浮游植物的数量,ind./L;

$\quad$ C_s——计数框的面积,mm²;

$\quad$ F_s——视野面积,mm²;

$\quad$ F_n——每片计数过的视野数;

$\quad$ V——1 L 水样经浓缩后的体积,mL;

$\quad$ v——计数框的容积,mL;

$\quad$ P_n——计数所得个数,ind.。

浮游植物生物量的计算采用体积换算法。根据浮游植物的体形,按最近似的几何形测量其体积,形状特殊的种类分解为几个部分测量,然后结果相加。

③ 着生藻类

定性采样:主要刮取或剥离水中浸没物,如石块、木桩、树枝、水草或硬底泥等表层藻膜、丝状藻和黏稠状生长物,用鲁哥氏液固定。在室内显微镜下鉴定着生藻类的种类和组成。

定量采样:预先放置 20 cm×20 cm 的玻璃板于采样点的河道中,14 天后,用毛刷清洗玻璃板,收集附着在其上的着生藻类,用鲁哥氏液固定。带回实验室进行定量分析,每个样品观察 2 片,每片 30 个视野,鉴定到种或属。

④ 浮游动物

浮游动物采样的断面、时间和环境记录与浮游植物相同。浮游动物的计数分为原生动物、轮虫和枝角类与桡足类的计数。原生动物和轮虫利用浮游动物定量样品进行计数,原生动物计数是从浓缩的 30 mL 样品中取 0.1 mL,置于 0.1 mL 的计数框中,全片计数,每个样品计数 2 片;轮虫则是从浓缩的30 mL 样品中取 1 mL,置于 1 mL 的计数框中,全片计数,每个样品计数 2片。同一样品的计数结果与均值之差不得高于 15%,否则增加计数次数。枝角类和桡足类的计数是用 1 mL 计数框,将 10 L 水过滤后的浮游动物定量样品分若干次全部计数。

单位水体浮游动物数量的计算公式如下:

$$N = \frac{nv}{CV}$$

式中　N——1 L 水样中浮游动物的数量,ind./L;

　　　v——样品浓缩后的体积,L;

　　　V——采样体积,L;

　　　C——计数样品体积,mL;

　　　n——计数所获得的个数,ind.。

显微镜下检测各类浮游动物的种类、数量、大小,原生动物和轮虫生物量的计算采用体积换算法。根据不同种类的体形,按最近似的几何形测量其体积。枝角类和桡足类生物量的计算采用测量不同种类的体长,用回归方程式求体重进行。

⑤ 底栖动物

底栖动物的调查与浮游动物调查同时进行。底栖动物分三大类:水生昆虫、寡毛类和软体动物。

定性采样:用 D 形手抄网、手捡等方法在岸边及浅水区采集定性样品,采用抄网采样时,应尽可能在各种生境中采样。

定量采样:底栖动物流水使用索伯网,静水使用 D 形网,每个点采样面积为 3 m^2,索伯网和 D 形网宽 0.3 m,采样长度 10 m。标本经大致洗涮后装入 500 mL 方形广口塑料标本瓶,用 8% 福尔马林溶液固定。带回实验室挑选生物标本并进行鉴定,标本鉴定至属或种,少数为目或科,并记录各个分类单元个体数。

⑥ 水生维管植物

在样地和样带上,深水区用 0.2 m^2 的采草器采样,浅水处采用收割法采样,截取 2 m×2 m 样方面积,记录样地内物种组成和盖度,并统计生物量。定性样品整株采集,包括植株的根、茎、叶、花和果实,样品力求完整,按自然状态固定在压榨纸中,压干保存后带回实验室鉴定种类。

⑦ 鱼类

鱼类等水生脊椎动物是调查的重点对象,包括鱼类的种类组成,地理分布及产卵场、索饵场和越冬场等"三场",以及当地的渔业资源现状等,并重点评估黄河源水电站拆除对三江源国家级自然保护区扎陵湖-鄂陵湖保护分区、库区、坝下河道、星星海保护分区水域中鱼类资源的影响。鱼类资源的调查主要采取捕捞和查阅相关资料相结合的方法。鱼类标本尽量现场鉴定,并进行生物学基础数据测定,部分标本用 5% 的甲醛溶液固定保存。

1.5.2.4　生态制图

采用 GPS、RS 和 GIS 相结合的空间信息技术,进行地面类型的数字化判读,完成数字化的植被类型图和土地利用类型图,进行景观质量与生态质量的定性和定量评价。

由遥感信息获取的地面覆盖类型,在地面调查和历史植被基础上进行综合判读,采用监督分类的方法最终赋予生态学的含义。选用 1994 年 9 月 30 日的 Landsat 5 数据、2017 年 8 月 31 日的 Landsat 8 数据,地面精度为 15 m,以反映地面植被特征的 6、5、4 波段合成卫星遥感影像,其中植被影像主要反映为绿色,如图 1-6 和图 1-7 所示。

植被类型不同,色彩和色调发生相应变化,因此可区分出植被亚型以上的植被类型以及农田、居民地等地面类型。此外,植被类型的确定需结合不同植被类型分布的生态学特征,不单纯依靠色彩进行划分,对监督分类产生的植被初图,结合地面的 GPS 样点和等高线、坡度、坡向等信息,对植被图进行目视解译校正,得到符合精度要求的植被图。在植被图的基础上,进一步合并有关地面类型,得到土地利用类型图。遥感处理分析的软件采用 ERDAS Imagine 9.1,制图、空间分析软件采用 ArcGIS 9.3、CorelDraw X4。

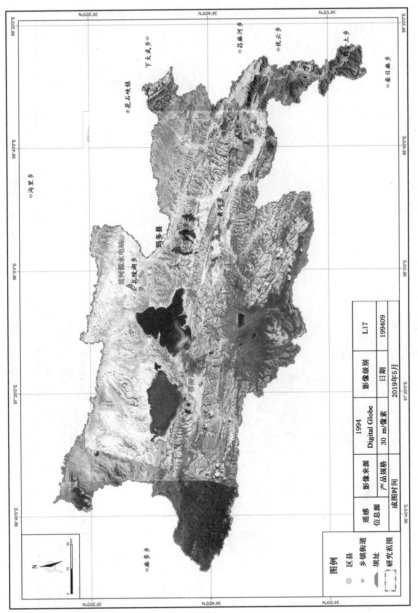

图1-6　黄河源水电站建设前（1994年）的遥感影像图

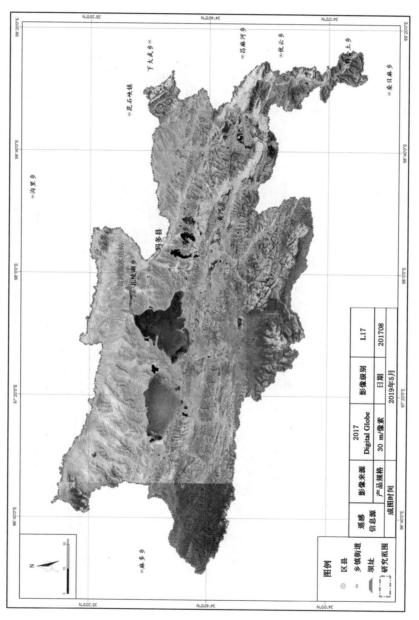

图1-7 黄河源水电站停运后（2017年）的遥感影像图

1.6 保护目标

1.6.1 保护环境要素

从环境要素方面分析,主要环境保护目标包括:① 上下游水环境(水文情势、泥沙情势、冰情、蒸发、水温、地下水位变化、库岸稳定性、防洪功能等);② 陆生生态环境;③ 水生生态环境;④ 黄河源区特有鱼类国家级水产种质资源。

1.6.2 保护对象

调查区内的保护对象主要为生态敏感区及其区域内的重点保护动植物和水生生物资源,具体内容见表1-12。

表 1-12　黄河源水电站周边环境敏感区内保护对象一览表

环境敏感区名称	保护对象	与黄河源水电站的位置关系
星星海保护分区	高原淡水湖泊湿地生态系统及珍稀水禽	位于黄河源水电站坝址下游
扎陵湖-鄂陵湖保护分区	高原淡水湖泊湿地生态系统、珍稀水禽和野生动植物等	位于黄河源水电站坝址上游,水库尾水回至鄂陵湖
鄂陵湖国际重要湿地	高原淡水湖泊湿地生态系统、珍稀水禽和野生动植物等	位于黄河源水电站坝址上游,水库尾水回至鄂陵湖
扎陵湖国际重要湿地	高原淡水湖泊湿地生态系统、珍稀水禽和野生动植物等	位于黄河源水电站坝址上游
玛多湖国家重要湿地	高原淡水湖泊湿地生态系统、珍稀水禽和野生动植物等	位于黄河源水电站坝址下游
三江源国家公园	源头湖泊、湿地生态景观,高寒草甸、草原生态系统,生物多样性	黄河源水电站位于三江源国家公园的黄河源园区范围内,涉及该园区的扎陵湖-鄂陵湖、星星海片区

表 1-12(续)

环境敏感区名称	保护对象	与黄河源水电站的位置关系
扎陵湖鄂陵湖花斑裸鲤极边扁咽齿鱼国家级水产种质资源保护区	主要保护对象为花斑裸鲤、极边扁咽齿鱼,其他保护物种包括骨唇黄河鱼、黄河裸裂尻鱼、厚唇裸重唇鱼、拟鲶高原鳅、硬刺高原鳅和背斑高原鳅	位于黄河源水电站坝址上游,水库尾水回至鄂陵湖
重点保护野生植物	国家二级保护野生植物:山莨菪、红花绿绒蒿、羽叶点地梅	由于调查季节为冬季,大雪覆盖,现场未调查到植株。根据资料,调查区可能有分布
	青海省级重点保护生护植物:黑蕊虎耳草、达乌里秦艽、梭罗草	
重点保护野生动物	国家一级保护野生动物:玉带海雕、胡兀鹫、黑颈鹤和藏野驴; 国家二级保护野生动物:高山兀鹫、大鵟、鹗、猎隼、纵纹腹小鸮、灰鹤、藏原羚、岩羊、盘羊; 青海省级重点保护野生动物:普通鸬鹚、苍鹭、灰雁、斑头雁、赤麻鸭、斑嘴鸭、棕头鸥、渔鸥、戴胜、凤头百灵、角百灵、长嘴百灵、细嘴短趾百灵、云雀、沙狐、赤狐、香鼬	主要分布在扎陵湖-鄂陵湖、星星海湖区及周围,调查区其他地方也有分布
珍稀保护特有鱼类及鱼类"三场"	极边扁咽齿鱼、骨唇黄河鱼和拟鲶高原鳅	调查区范围内

第 2 章　水环境现状调查研究

2.1　水文泥沙情势

2.1.1　水电站建设前后水文泥沙情势变化

调查区有关水文泥沙情势现状调查结果见自然环境概况,本章不再赘述。以下重点阐述水电站建设前(1994 年前)、运行期(1994—2016 年)水文泥沙情势。由于水电站历史较悠久,水文数据获取困难,本研究未获取全时间序列的水文数据,因此选取 1990 年、2006 年和 2012 年代表建设前、运行期的水文数据进行对比分析,详见表 2-1 及表 2-2。

表 2-1　鄂陵湖站水文数据一览表

水文指标		建设前(1990 年)	运行期(2006 年)	运行期(2012 年)
逐日平均水位/m	1 月	—	4 269.83	4 270.65
	2 月	—	4 269.82	4 270.57
	3 月	—	4 269.80	4 270.55
	4 月	—	4 269.78	4 270.53
	5 月	4 268.50	4 269.68	4 270.47
	6 月	4 268.52	4 269.73	4 270.62
	7 月	4 268.51	4 269.95	4 271.04
	8 月	4 268.49	4 269.96	4 271.18
	9 月	4 268.52	4 269.95	4 271.17
	10 月	4 268.43	4 269.96	4 271.09
	11 月	4 268.14	4 269.79	4 270.85
	12 月	4 268.25	4 269.78	4 270.70

表 2-2　黄河沿站水文数据一览表

水文指标		建设前(1990年)	运行期(2006年)	运行期(2012年)
逐日平均流量 /(m³/s)	1月	49.8	7.28	8.18
	2月	29.0	9.90	21.2
	3月	35.6	9.76	19.2
	4月	43.4	9.53	24.1
	5月	42.7	9.89	28.6
	6月	43.0	10.1	38.3
	7月	41.2	8.78	73.3
	8月	36.8	8.62	62.0
	9月	42.9	11.8	73.2
	10月	28.7	10.7	110
	11月	16.1	5.96	83.8
	12月	11.1	8.70	43.9
年输沙量/10⁴ t		9.11	1.09	12.5
平均输沙率/(kg/s)		2.89	0.344	3.95
平均含沙量/(kg/m³)		0.082	0.037	0.081
5—10月最高水温/℃		13.4	15.2	12.5
5—10月最低水温/℃		0	0.6	0
冰情(初冰—终冰)		10.25—5.1	10.6—5.2	10.31—4.27

2.1.2　降水量、径流量和输沙量的变化特征

2.1.2.1　降水量、径流量、输沙量代际变化特征

黄河源区多年(1956—2018年)面平均降水量(玛多县气象站数据)为 323.94 mm,年均径流量为 7.24 亿 m³,年均输沙量为 6.84 万 t(表 2-3)。

表 2-3　黄河源不同年代降水量、径流量、输沙量变化特征

年度	降水量特征			径流量特征			输沙量特征		
	降水量/mm	变差系数	最大值/最小值	径流量/亿 m³	变差系数	最大值/最小值	输沙量/万 t	变差系数	最大值/最小值
1956—1959	329.28	0.21	1.72	3.82	0.30	2.01	3.57	0.60	20.33
1960—1969	284.60	0.21	2.21	6.29	0.71	17.65	7.27	0.74	60.52
1970—1979	306.68	0.25	2.11	8.54	0.83	13.43	7.59	0.43	4.46
1980—1989	320.89	0.21	2.37	10.78	0.75	18.38	13.98	1.02	55.75
1990—1999	330.46	0.09	1.34	4.97	0.68	5.99	5.46	0.66	7.02
2000—2009	341.44	0.19	1.78	5.44	1.02	89.99	1.80	1.17	74.80
2010—2018	361.13	0.11	1.41	8.94	0.48	8.01	6.16	0.75	19.05
最大年	485.60			25.31			40.70		
最小年	184.00			0.20			0.10		
多年平均	323.94	0.18	1.85	7.24	0.68	22.21	6.84	0.77	34.56

注:1968—1975 年的输沙量数据缺失,对其采用了移动平均法进行插补。

代际间,径流量与输沙量变化趋势基本同步。各年代降水量的变差系数均较小,而各时段的径流量与输沙量的变差系数普遍偏大,最小为 0.3,最大可达 1.17。

如图 2-1 所示,输沙量在 2000—2009 年达到了低谷,有所有时段中的最小值。

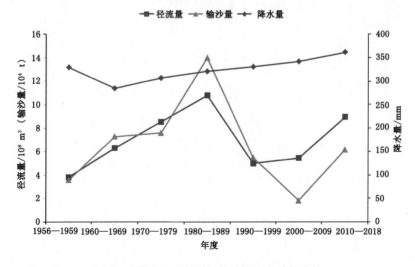

图 2-1　降水量、径流量、输沙量变化特征曲线

2.1.2.2 降水量、径流量、输沙量年际变化特征

黄河源区水文要素年际变化如图 2-2 所示。分别对降水量与径流量、输沙量进行相关性分析,相关系数分别为 0.49 和 0.42,说明 1956—2018 年黄河源区年径流量与降水量、输沙量与降水量的变化一致性均较差。

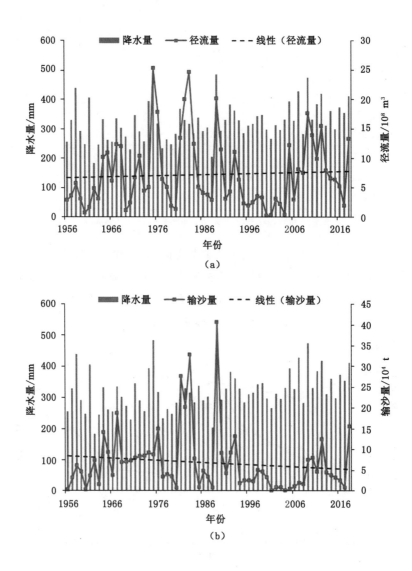

图 2-2 1956—2018 年黄河源区降水量与径流量、输沙量变化

黄河源区降水量、径流量和输沙量距平累积曲线如图 2-3 所示。

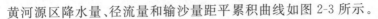

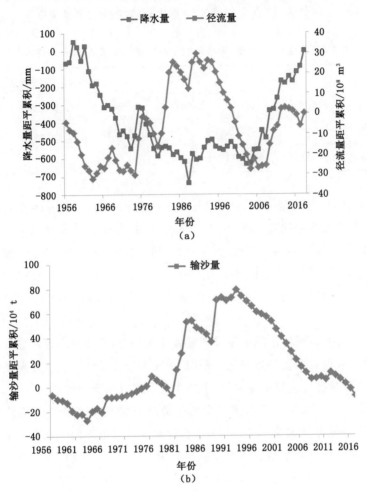

图 2-3　黄河源区降水量、径流量与输沙量距平累积变化

　　分析表明,降水量和径流量阶段变化在 1956—1976 年及 2006—2018 年基本一致,以曲线上升和下降代表丰枯变化,上述两个时间段分别为枯水期和丰水期。而在 1977—2005 年降水量的距平累积值没有太大变化,但是径流量经历了较大的波动。输沙量在 1956—1994 年为波动期,经历了多次丰枯变化,而 1995—2018 年为枯沙期。

2.1.2.3 降水量、径流量、输沙量年际变化趋势及突变点

黄河源区降水量、径流量和输沙量变化趋势检验结果见表 2-4。

表 2-4 径流量、降水量、输沙量变化趋势检验结果(1956—2018 年)

检验方法	径流量		降水量		输沙量	
	检验统计量	趋势	检验统计量	趋势	检验统计量	趋势
M-K	0.51	无明显趋势	3.11	显著增加	−1.39	不显著减少
Spearman	0.67	无明显趋势	3.18	显著增加	−1.64	不显著减少

分析表明,径流量、降水量的 Mann-Kendall 和 Spearman 法检验统计量为正值,但径流量未达到 0.05 的显著性水平,表明径流量随时间序列变化未出现明显的趋势变化;降水量达到了 0.01 的极显著水平,说明黄河源区降水量有极显著的增加趋势。输沙量的 M-K 和 Spearman 法检验统计量为负,从表 2-4 中可以看出,较为接近 0.05 的显著性水平,说明黄河源区输沙量呈不显著减少趋势。

综上所述,黄河源区降水量呈现显著增加趋势,输沙量呈现不显著减少趋势,而径流量没有明显趋势变化。采用 M-K 突变检验法以及有序聚类法对降水量和输沙量进行突变检验,找出上述水文要素发生突变的年份。

如图 2-4 所示,输沙量发生突变的年份是 1995 年和 2011 年,而降水量发生突变的年份为 2001 年。此外,采用有序聚类法对上述两个水文要素进行突变检验,输沙量与降水量发生突变的年份分别为 1995 年和 2001 年。综合上述方法的结论,将 1995 年及 2011 年作为输沙量发生突变的时间,将 2001 年作为降水量发生突变的时间。

由表 2-5 可以看出,输沙量经历了两次突变,第一次相较于前一阶段下降了 67.21%,第二次相较于前一次上升了 117.80%。此外,经过两次突变后,输沙量的年际波动相较于第一阶段有所上升,但是最大值与最小值的比值却在下降;而降水量突变后下降的比例较小,仅为上一阶段的 15.36%。下文将对输沙量的变化与降水量变化二者间的关系进行具体分析。

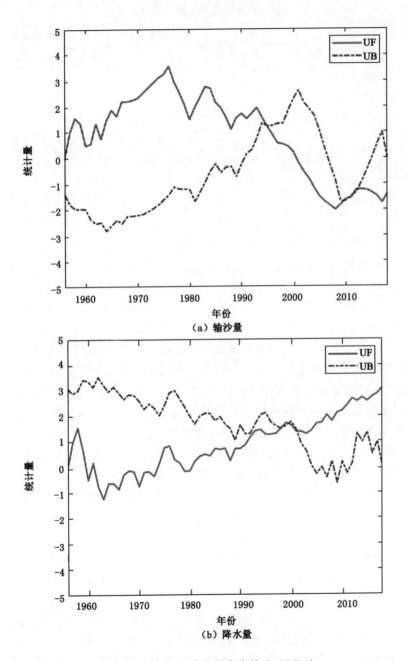

（a）输沙量

（b）降水量

图 2-4　输沙量、降水量突变检验（M-K 法）

表 2-5 输沙量与降水量突变年份后各阶段特征

	时段	平均值		变差系数		最大值/最小值	
		输沙量/万 t	相对变化/%	C_v值	相对变化/%	比值	相对变化/%
输沙量	1956—1995	8.57		0.99		135.22	
	1996—2011	2.81	−67.21	1.17	18.18	79.60	−41.13
	2012—2018	6.12	117.80	1.18	0.85	19.05	−79.05

	时段	平均值		变差系数		最大值/最小值	
		降水量/mm	相对变化/%	C_v值	相对变化/%	比值	相对变化/%
降水量	1956—2001	311.04		4.91		2.64	
	2002—2018	358.83	15.36	6.81	36.70	1.68	−36.36

2.1.2.4 不同驱动因素对输沙量变化的影响

河川输沙量的变化主要受气候条件、地质地貌和人为活动等三大主要因素作用。地质地貌条件在一定时期内无人类干扰下相对不变,气候条件中以降雨对输沙的影响最大,人为活动则包括了水利水保工程、工农业及生活用水、土地利用变化等。

在天然条件下,降水量与输沙量之间呈正相关关系,如果下垫面条件发生了变化,在相同的降雨条件下产生的输沙量就可能不同。根据上文对降水量和输沙量的趋势分析可知,在降水量显著增加的情况下,输沙量如未发生系统变化,降水量与输沙量的双累积关系就能用线性拟合。若在某点拟合斜率 k 变大,表示人类活动使输沙量增加,反之则使输沙量减少。

由图 2-5 可以看出,黄河源区降水量-输沙量双累积曲线在 1993 年出现拐点,表现出两个阶段性特征,且变化后拟合斜率 k 变小,说明 1993 年后人类活动使流域输沙量减少。黄河源区 1993 年之前降水量-输沙量双累积曲线呈现显著的线性关系($R^2 > 0.98$),表明该时期内输沙量与降水量变化同步,输沙量未受到人为活动的过度干扰。以 1956—1992 年作为基准年,分析 1993 年之后人类活动对输沙量的影响,将突变年份后的降水资料代入双累积曲线建立的回归方程($y = 0.030\,9x - 38.157$),得到年输沙量理论值、同期理论值与实测值之差,即为人类活动减沙量。

由表 2-6 可以看出,流域实测输沙量呈现先下降、后上升的变化趋势,2000—2009 年的输沙量最小,仅占基准年的 20.5%,之后输沙量出现了回升,可达到基准年的 70%。人类活动对输沙量的影响量也有先变大、后变小的趋势,说明近十年来人类活动对输沙量减小的影响正在减弱。

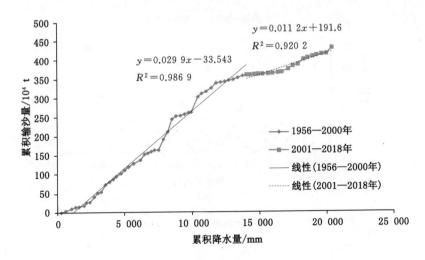

图 2-5　黄河源区降水量-输沙量双累积关系

表 2-6　人类活动及降水量对黄河源区输沙量的影响

时段	输沙量		实测输沙量变化		人类活动对输沙量影响
	实测值/万 t	理论值/万 t	减少量/万 t	比例/%	减少量/万 t
1956—1992	8.79	8.79	—	—	—
1993—1999	4.57	10.14	4.22	48.01	5.57
2000—2009	1.80	10.55	6.99	79.52	8.75
2010—2018	6.16	11.16	2.63	29.92	5.00

2.1.2.5　径流量、输沙量与降水量的相关性分析

降水量是影响黄河源头区径流量和输沙量变化的主要因素,下面分别绘制了各阶段降水量-径流量关系图[图 2-6(a)]和降水量-输沙量关系图[图 2-6(b)],可进一步分析水沙变化的原因。径流量的大部分相关点分布在相关线附近,各阶段点均在相关线两侧分布,说明降水产流关系未出现系统偏离,降水量是影响径流量的主要因素。输沙量在 2001—2018 年的相关点均在相关线下侧,说明该时间段内降水量相同的条件下,河道的输沙量明显减少。分析黄河源头区域的人类活动情况,2001 年黄河源水电站建成蓄水,拦截了泥沙的输送通道,正是由于水库这种巨大的拦截作用,才使得 2001 年后下游的输沙量明显减少。

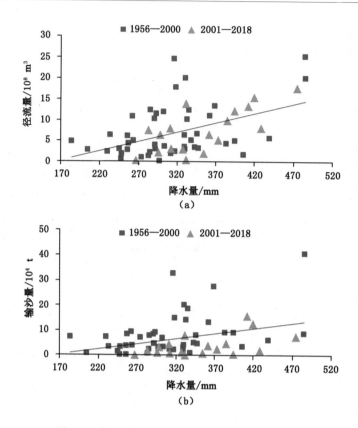

图 2-6　黄河源区径流量、输沙量与降水量的关系

2.2　水资源分区

根据《玛多县水资源调查评价及水资源配置报告》,调查区属于黄河流域龙羊峡以上水资源区,详见表 2-7、图 2-7。

表 2-7　水资源分区表

水资源一级区	水资源二级区	水资源三级区	分区编号	面积/km²
黄河流域	龙羊峡以上	河源至玛曲	G13	18 884

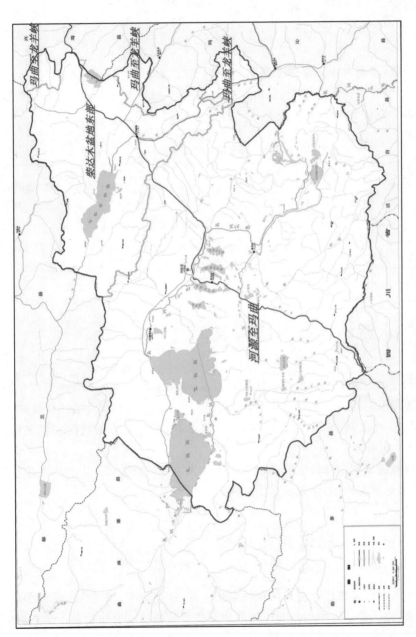

图2-7　玛多县水资源分区图

2.3 水功能区

根据《青海省水功能区划报告(2015—2020)》,玛多县共划分有 4 个水功能一级区,其中保护区 1 个、保留区 3 个,调查区属于黄河玛多源头水保护区,详见表 2-8、图 2-8(下页)。

表 2-8 玛多县水功能区划表

| 水系 | 功能区名称 | 功能区编号 | 范围 | | | 现状水质 | 水质目标 | 代表断面 |
			起始断面	终止断面	长度/km			
黄河	黄河玛多源头水保护区	D0101000101000	源头	黄河沿站	270	Ⅱ	I	玛多

2.4 水源地及取水口调查

调查区内主要的供水基础设施有引水、地下水取水井:① 引水工程 1 处,为扎陵湖乡阿涌村引泉供水工程,该工程供水人口为 714 人,年供水量约 3.5 万 m³;② 扎陵湖乡政府所在地有 3～4 眼水井,坝址上游的牧民主要采用分散式人力井取水。

调查区绝大部分地区的人饮靠集中式人力井或分散式人力井供水工程解决,无水源地保护区,无地表水工农业取水口。

2.5 地表水环境质量监测

本次水环境现状调查采用现场监测方式,在鄂陵湖、黄河分别设置水质监测断面,共设置 2 处监测断面。陕西浦安环境检测技术有限公司于 2018 年 8 月 27—28 日对河流断面进行了水质取样监测。水质监测项目有:pH 值、COD、BOD₅、SS、NH₃-N、石油类。水质监测频率为连续监测 2 天,样品的采

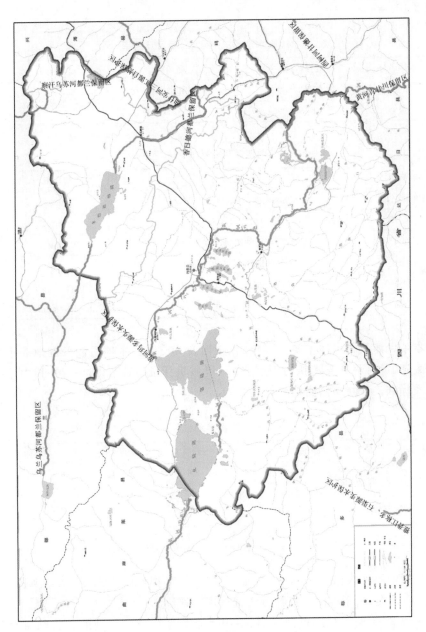

图2-8　玛多县水功能区分布图

集和样品分析方法按照国家规定方法执行,监测点位见表 2-9,监测分析方法见表 2-10。

表 2-9 地表水水质监测点位、项目及频率

水体名称	监测点桩号	监测项目	监测频率
鄂陵湖	K82+500	pH 值、COD、BOD$_5$、SS、NH$_3$-N、石油类	连续监测 2 天
黄河	K49+000		

表 2-10 监测项目分析方法一览表

监测项目	分析方法	检出限
pH 值	玻璃电极法(GB 6920—1986)	0.1
COD	重铬酸盐法(HJ 828—2017)	4 mg/L
BOD$_5$	稀释与接种法(HJ 505—2009)	0.5 mg/L
SS	重量法(GB 11901—1989)	4 mg/L
NH$_3$-N	纳氏试剂分光光度法(HJ 535—2009)	0.025 mg/L
石油类	红外分光光度法(HJ 637—2018)	0.01 mg/L

本项目涉及的水体主要有鄂陵湖、黄河及其支流。本项目涉及的地表水体鄂陵湖、黄河及其支流执行《地表水环境质量标准》(GB 3838—2002)中 I 类水质标准。各断面监测结果见表 2-11。

表 2-11 水质监测结果 单位:mg/L

水体名称	项目点位	监测日期	pH 值	BOD$_5$	COD	SS	NH$_3$-N	石油类
鄂陵湖	K82+500	2018.08.27	08.18	2.6	16	12	0.098	0.05
		2018.08.28	08.21	1.8	16	11	0.093	0.03
黄河	K49+000	2018.08.27	08.47	2.6	16	4	0.109	0.01
		2018.08.28	08.45	2.4	15	4	0.104	0.02

根据水质现状监测的结果,选取评价因子为 pH 值、COD、BOD$_5$、NH$_3$-N、SS、石油类,采用单因子指数方法进行现状评价。

由表 2-11 监测结果可知,根据单因子指数计算公式得到的评价结果见表 2-12。

表 2-12　水质现状单因子评价结果

水体名称	评价指标	监测结果 /(mg/L)(pH 值除外)	评价标准值	单因子指数	达标情况
鄂陵湖	pH 值	8.18	6～9	0.59	达标
	BOD$_5$	2.7	≤3	0.90	达标
	COD	17	≤15	1.13	超标
	SS	20	≤20	1.00	达标
	NH$_3$-N	0.119	≤0.15	0.79	达标
	石油类	0.01	≤0.05	0.20	达标
黄河	pH 值	8.45	6～9	0.73	达标
	BOD$_5$	2.6	≤3	0.87	达标
	COD	16	≤15	1.07	超标
	SS	4	≤20	0.20	达标
	NH$_3$-N	0.104	≤0.15	0.69	达标
	石油类	0.02	≤0.05	0.40	达标

注:各监测值取 2 天的极值。

　　由表 2-12 可以看出,项目调查区鄂陵湖、黄河水质监测断面 COD 全部超标,其余各项指标的水质单因子指数均小于 1,沿线水环境质量均达到《地表水环境质量标准》(GB 3838—2002)中 I 级标准,水环境质量良好。

2.6　地表水污染源调查

　　本项目调查区属纯农牧区,无工农业开发,不存在点、面污染源。

第3章 水生生态现状调查研究

3.1 水生生态环境回顾性调查

中华人民共和国成立后,张春霖等(1965)最早对扎陵湖的鱼类进行了调查。中国科学院西北高原生物所的武云飞等分别于 1966 年、1977 年、1985 年前后三次对黄河上游的鄂陵湖和扎陵湖进行了鱼类和水生生物调查,鱼类以花斑裸鲤和极边扁咽齿鱼为主,浮游植物以着生硅藻和蓝藻为主,浮游动物以轮虫为主,底栖动物只有摇蚊幼虫、萝卜螺和旋螺,水生维管束植物有龙须眼子菜、细叶水毛茛、轮藻等。

根据青海省水文水资源勘测局 1997 年 6 月编制的《玛多县黄河源水电站工程环境影响评价报告》,浮游植物以硅藻和蓝藻为主,在各种浮游植物中,硅藻类占 61.7%、蓝藻类占 32.6%、绿藻类占 4.1%、金藻类占 1.4%、甲藻类占 0.2%。主要分布在扎陵湖和鄂陵湖河段中,密度相对较小。在蓝藻门中以蓝纤维藻为优势种,金藻门中锥囊藻数量最多,甲藻门中为角甲藻最多,硅藻门中则以纺锤硅藻和新月藻数量最多,绿藻门中则以刚毛藻为优势种,水生维管束植物的种类十分贫乏(仅有龙须眼子菜和细叶水毛茛两种),其他有轮藻和狐尾藻。这些植物在河段分布极少,生长不良。浮游动物以轮虫为主,占浮游动物总量的 67%,原生动物占 30%,桡足类占 2%,枝角类占 1%。底栖动物的数量和种类都很少,湖泊中的石头底下和水生植被群落中有很少的钩虾,在淤泥底和细砂质底有不少水生寡毛类生存其间。在扎陵湖和鄂陵湖地区以及黄河源头处有鱼类 8 种,分别是花斑裸鲤、极边扁咽齿鱼、骨唇黄河鱼、黄河裸裂尻鱼、厚唇裸重唇鱼、拟鲶高原鳅、硬刺高原鳅和背斑高原鳅。这 8 种鱼类中,后两种属于小型鱼类,无经济价值;花斑裸鲤和极边扁咽齿鱼为主要的渔业资源,这两种鱼均属于鲤科裂腹鱼亚科鱼类,为生长缓慢的冷水性鱼类。在鄂陵湖,花斑裸鲤多于极边扁咽齿鱼;扎陵湖则相反。花斑裸鲤为杂食性鱼类,每年 5—7 月为产卵繁殖期,有溯河产卵的习性,一般将河流的缓流部分作为产卵场,在湖中则不产卵。极边扁咽齿鱼以着生藻类为食,产卵繁殖习性和花斑裸鲤十分接近,溯河产卵,一般比花斑裸鲤略早,产卵场地一般在河道的缓流部分,与花斑裸鲤比较,其所需场地的水较浅、流速小。2008 年,鄂陵湖、扎陵湖及两湖之间的黄河干流段经批准成立了扎陵湖鄂陵湖花斑裸鲤极边扁咽齿鱼国家级水产种质资源保护区,主要保护对象为花斑裸鲤、极边扁咽齿鱼,其他保护物种包括骨唇黄河鱼、黄河裸裂尻鱼、厚唇裸重唇鱼、拟鲶高原鳅、硬刺高原鳅和背斑高原鳅。

3.2　水生生物现状调查

3.2.1　饵料生物

2018 年 10 月,为了较为全面准确地评价黄河源水电站库尾、库区及坝下现有水生生物的现状,根据代表性、整体性原则,调查人员在流域内共设置了9 个采样断面(扎陵湖出湖口、鄂陵湖上游黄河大桥段、鄂陵湖入湖口附近、鄂陵湖湖中区、鄂陵湖出湖口、回水末端、坝址处、坝下 5 km 处、星星海出湖口)。各采样断面现状及环境因子见表 3-1、表 3-2。

表 3-1　各采样断面一览表

序号	采样断面	经纬度	现场照片
1	扎陵湖出湖口	97°16′46.68″E 34°49′17.27″N	

表 3-1(续)

序号	采样断面	经纬度	现场照片
2	鄂陵湖上游 黄河大桥段	97°26′44.60″E 34°49′21.13″N	
3	鄂陵湖 入湖口附近	97°30′18.15″E 34°51′59.15″N	
4	鄂陵湖 湖中区	97°35′40.98″E 34°56′38.77″N	
5	鄂陵湖 出湖口	97°45′13.47″E 35°4′54.85″N	

表 3-1(续)

序号	采样断面	经纬度	现场照片
6	回水末端	97°47′12.37″E 35°6′36.60″N	
7	坝址处	97°54′8.96″E 35°5′52.08″N	
8	坝下 5 km 处	98°0′23.70″E 35°3′32.91″N	
9	星星海 出湖口	98°7′25.21″E 34°52′8.46″N	

表 3-2　各采样点环境因子表

采样断面	经纬度	海拔/m	气温/℃	水体特征					
				水温/℃	pH 值	底质	水深/m	透明度/m	流速/(m/s)
1	97°16′46.68″E 34°49′17.27″N	4 297	5	7	7.8	砂石	1.5	1	0.5
2	97°26′44.60″E 34°49′21.13″N	4 281	5	6	7.5	砂石	2	0.5	0.2
3	97°30′18.15″E 34°51′59.15″N	4 275	5	6	7.6	砂石	1	1	0
4	97°35′40.98″E 34°56′38.77″N	4 274	6	5	7.9	砂石	2	2	0
5	97°45′13.47″E 35°4′54.85″N	4 272	5	5	7.7	砂石	2	0.5	0.1
6	97°47′12.37″E 35°6′36.60″N	4 270	5	6	7.4	淤泥	2	0.5	0.1
7	97°54′8.96″E 35°5′52.08″N	4 265	6	4	7.4	砂石	1	0.5	0
8	98°0′23.70″E 35°3′32.91″N	4 247	5	5	7.3	淤泥	2	0.3	0.3
9	98°7′25.21″E 34°52′8.46″N	4 219	6	5	7.5	砂石	2	0.5	0.1

3.2.2　浮游植物

（1）浮游植物种类

根据 2018 年 10 月现场调查的结果,调查区范围共检出浮游植物 4 门 53 种(属)。其中,硅藻门 38 种(属),占总数的 71.7％;绿藻门 11 种(属),占总数的 20.8％;蓝藻门 3 种(属),占总数的 5.6％;裸藻门 1 种(属),占总数的 1.9％。调查区浮游植物名录见表 3-3,各种类型种类数及所占比例见表 3-4。

从种类分布看,调查区浮游植物以硅藻门占优势,其次是绿藻门和蓝藻门,其他门类相对较少。调查区各采样点的常见种类有十字藻、舟形藻、脆杆藻、针杆藻、桥弯藻、曲壳藻等。

表 3-3 调查区浮游植物名录

物种	拉丁名	1	2	3	4	5	6	7	8	9
Ⅰ 蓝藻门	**Cyanophyta**									
1. 颤藻	*Oscillatoria* sp.	+			+					+
2. 鞘丝藻	*Lynbya* sp.		+							
3. 席藻	*Phormidium* sp.	+			+		+		+	
Ⅱ 绿藻门	**Chlorophyta**									
4. 水绵	*Spirogyra* sp.				+		+			
5. 衣藻	*Chlamydomonas* sp.			+		+		+		
6. 小球藻	*Chlorella vulgaris*				+		+			
7. 十字藻	*Crucigenia* sp.		+	+	+	+				+
8. 新月藻	*Closterium* sp.		+	+				+		
9. 小新月藻	*Closterium venus*	+			+				+	
10. 针丝藻	*Raphidonema* sp.						+		+	+
11. 刚毛藻	*Cladophora* sp.	+						+		
12. 转板藻	*Mougeotia* sp.	+			+	+				
13. 棒形鼓藻	*Gonatozygon* sp.			+						+
14. 双星藻	*Zygnema* sp.				+	+				
Ⅲ 硅藻门	**Bacillariophyta**									
15. 普通等片藻	*Diatoma vulgare*	+	+	+	+	+	+			+
16. 直链藻	*Melosira* sp.									
17. 长等片藻	*Diatom elongatum*	+			+			+		
18. 小环藻	*Cyclotella* sp.		+	+		+		+		+
19. 扁圆卵形藻	*Cocconeis placentula*		+				+			
20. 星杆藻	*Asterionella* sp.	+			+			+		
21. 舟形藻	*Navicula* sp.	+	+	+	+	+	+		+	+
22. 简单舟形藻	*Navicula simplex*			+				+		+
23. 线性舟形藻	*Navicula graciloides*		+			+				
24. 双球舟形藻	*Navicula amphibola*				+				+	

表 3-3(续)

物种	拉丁名	1	2	3	4	5	6	7	8	9
25. 脆杆藻	*Fragilaria* sp.	+	+	+		+	+		+	+
26. 中型脆杆藻	*Fragilaria intermidia*		+			+				
27. 钝脆杆藻	*Fragilaria capucina*	+			+					
28. 针杆藻	*Synedra* sp.	+	+	+	+		+			+
29. 肘状针杆藻	*Synedra ulna*		+			+	+	+		+
30. 尖针杆藻	*Synedra acus*	+		+	+		+	+		
31. 两头针杆藻	*Synedra amphicephal*		+		+				+	
32. 偏突针杆藻	*Synedra vaucheriae*			+				+		
33. 近缘针杆藻	*Synedra affinis*		+			+				
34. 菱形藻	*Nitzschia* sp.				+		+	+	+	
35. 谷皮菱形藻	*Nitzschia palea*	+	+	+		+				+
36. 拟螺形菱形藻	*Nitzschia sigmoidea*			+				+		
37. 异极藻	*Gomphonema* sp.		+			+				
38. 缢缩异极藻	*Gomphonema constrictum*	+							+	
39. 中间异极藻	*Gomphonema intricalum*		+				+	+		
40. 桥弯藻	*Cymbella* sp.	+	+		+	+	+		+	
41. 偏肿桥弯藻	*Cymbella tumida*			+			+			
42. 小头桥弯藻	*Cymbella microcephala*	+	+		+					
43. 膨胀桥弯藻	*Cymbella pusilla*		+			+	+	+		+
44. 微细桥弯藻	*Cymbella parva*	+			+					
45. 曲壳藻	*Achnanthes* sp.	+				+		+	+	+
46. 粗壮双菱藻	*Surirella robusta*		+	+				+		+
47. 卵圆双眉藻	*Amphora ovalis*									
48. 微绿肋缝藻	*Frustulia viridula*	+			+		+			
49. 双尖菱板藻	*Hantzschia amphioxys*		+			+				
50. 双生双楔藻	*Didymosphenia geminata*			+				+		+
51. 圆筛藻	*Coscinodiscus* sp.	+			+					
52. 细布纹藻	*Gyrosigma kutzingii*			+				+	+	
Ⅳ 裸藻门	**Euglenophyta**									
53. 尖尾裸藻	*Euglena oxyuris*			+		+				

表 3-4　调查区浮游植物种类数及所占比例

	硅藻门	绿藻门	蓝藻门	裸藻门	合计
种类	38	11	3	1	53
比例	71.7%	20.8%	5.6%	1.9%	100%

（2）浮游植物的密度和生物量

调查区水体中浮游植物密度变化范围为 $(0.89\sim3.41)\times10^4$ ind./L，平均密度为 1.75×10^4 ind./L。其中，硅藻门的平均密度最高，为 1.132×10^4 ind./L；其次为绿藻门，平均密度为 0.578×10^4 ind./L；蓝藻门的平均密度为 0.027×10^4 ind./L；裸藻门的平均密度为 0.013×10^4 ind./L。

调查区水体中浮游植物生物量变化范围为 0.017 2～0.050 5 mg/L，平均生物量为 0.025 1 mg/L。其中，硅藻门的平均生物量最大，为 0.016 6 mg/L；绿藻门的为 0.008 2 mg/L；蓝藻门的为 0.000 3 mg/L；裸藻门的为 0.000 1 mg/L。

各采样点浮游植物的密度和生物量见表 3-5。

表 3-5　调查区浮游植物密度（10^4 ind./L）和生物量（mg/L）

种类		1	2	3	4	5	6	7	8	9	平均
蓝藻门	密度	0.04	0.04	0	0.08	0	0	0	0	0.08	0.027
	生物量	0.000 4	0.000 4	0	0.000 8	0	0	0	0	0.000 8	0.000 3
绿藻门	密度	0.22	0.28	1.04	1.21	0.98	0.28	0.51	0.44	0.24	0.578
	生物量	0.003 8	0.004 8	0.011 3	0.013 2	0.011 3	0.004 8	0.008 3	0.006 2	0.009 7	0.008 2
硅藻门	密度	1.28	1.05	0.64	2.12	0.96	1.37	1.32	0.88	0.57	1.132
	生物量	0.018 5	0.012 0	0.008 2	0.036 5	0.010 1	0.021 8	0.023 6	0.011 3	0.007 8	0.016 6
裸藻门	密度	0	0	0	0.04	0	0.08	0	0	0	0.013
	生物量	0	0	0	0.000 1	0	0.000 2	0	0	0	0.000 1
总计	密度	1.54	1.37	1.68	3.41	1.98	1.65	1.91	1.32	0.89	1.75
	生物量	0.022 7	0.017 2	0.019 5	0.050 5	0.021 5	0.026 6	0.032 1	0.017 5	0.018 3	0.025 1

（3）现状分析

调查区范围共检出浮游植物 53 种（属），以硅藻为主，符合高原山区流水性的种群结构特点。由表 3-5 可以看出，各采样断面中，鄂陵湖湖中区和鄂陵湖出湖口的密度和生物量最高，其次为坝址处，下游点位坝下河段密度和生物量最低。总体浮游植物的密度和生物量呈现低密度和低生物量的状态，各河段没有明显的变化。在库区浮游植物的密度和生物量要高于坝下,相对于流水河段,库区的水流相对静止,更有利于浮游植物的繁殖和生长,相比之前种类更多。

3.2.3 着生藻类

各采集断面河段的沿岸带河床上、石块上着生或附着的藻类很少,难以定量分析。调查区水体较浅、流速较大、水体泥沙含量大,岸边及底质以砾石及砂石为主,水域的着生藻类比较少,主要以硅藻为主,但由于这些种类在水流、波浪等作用下常成为浮游类型,并非严格区分,且自然基质法的定量分析结果十分粗放且相当不准确,故仅对着生藻类进行定性分析。通过定性分析,发现着生藻类 3 门 32 种(表 3-6),主要有等片藻群、脆杆藻群和曲壳藻群。其中,等片藻群和曲壳藻群在各个采样点大量出现,主要优势种为十字藻、曲壳藻、脆杆藻、桥弯藻等。

表 3-6   调查区着生藻类定性名录

物种	拉丁名
Ⅰ 蓝藻门	**Cyanophyta**
1. 颤藻	*Oscillatoria* sp.
2. 鞘丝藻	*Lynbya* sp.
Ⅱ 绿藻门	**Chlorophyta**
3. 十字藻	*Crucigenia* sp.
4. 新月藻	*Closterium* sp.
5. 转板藻	*Mougeotia* sp.
Ⅲ 硅藻门	**Bacillariophyta**
6. 扁圆卵形藻	*Cocconeis placentula*
7. 普通等片藻	*Diatoma vulgare*
8. 舟形藻	*Navicula* sp.
9. 简单舟形藻	*Navicula simplex*
10. 线性舟形藻	*Navicula graciloides*
11. 双球舟形藻	*Navicula amphibola*
12. 脆杆藻	*Fragilaria* sp.
13. 中型脆杆藻	*Fragilaria intermidia*

表 3-6(续)

物种	拉丁名
14. 钝脆杆藻	*Fragilaria capucina*
15. 肘状针杆藻	*Synedra ulna*
16. 两头针杆藻	*Synedra amphicephal*
17. 尖针杆藻	*Synedra acus*
18. 菱形藻	*Nitzschia* sp.
19. 谷皮菱形藻	*Nitzschia palea*
20. 拟螺形菱形藻	*Nitzschia sigmoidea*
21. 异极藻	*Gomphonema* sp.
22. 中间异极藻	*Gomphonema intricalum*
23. 缢缩异极藻	*Gomphonema constrictum*
24. 桥弯藻	*Cymbella* sp.
25. 膨胀桥弯藻	*Cymbella pusilla*
26. 双生双楔藻	*Didymosphenia geminata*
27. 微细桥弯藻	*Cymbella parva*
28. 双尖菱板藻	*Hantzschia amphioxys*
29. 偏肿桥弯藻	*Cymbella tumida*
30. 小头桥弯藻	*Cymbella microcephala*
31. 曲壳藻	*Achnanthes* sp.
32. 粗壮双菱藻	*Surirella robusta*

3.2.4　浮游动物

（1）浮游动物种类

根据现场调查的结果,共检出浮游动物 4 大类 23 种(属)。其中,原生动物有 8 种(属),占总数的 34.78%;轮虫有 3 种(属),占总数的 13.04%;枝角类有 4 种(属),占总数的 17.39%;桡足类有 8 种(属),占总数的 34.78%。调查区浮游动物名录见表 3-7,各种类型种类数及所占比例见表 3-8。

从种类分布看,调查区浮游动物以原生动物和桡足类为优势类群,轮虫和枝角类相对较少。常见种类为砂壳虫、钟虫、斯氏北镖水蚤和桡足无节幼体等。

表 3-7　调查区浮游动物名录

物种	拉丁名	1	2	3	4	5	6	7	8	9
Ⅰ 原生动物	**Protozoa**									
1.普通表壳虫	*Arcalla vulgaris*	+		+		+	+			
2.砂壳虫	*Difflugia* sp.	+	+	+	+	+	+	+	+	+
3.瓶砂壳虫	*Difflugia urceolata*			+			+	+		
4.褐砂壳虫	*Difflugia avellana*	+	+			+		+		
5.尖顶砂壳虫	*Difflugia globulosa*	+	+	+	+	+			+	+
6.针棘匣壳虫	*Cantropyxis aculeata*			+		+		+		
7.钟虫	*Vorticella* sp.	+	+	+	+	+	+			+
8.中华拟铃虫	*Tintinnopsis sinensis*			+			+		+	
Ⅱ 轮虫	**Rotifera**									
9.旋轮虫	*Philodina* sp.		+	+			+			
10.前节晶囊轮虫	*Asplanchna priodonta*		+							
11.独角聚花轮虫	*Conochilus unicornis*	+		+				+		
Ⅲ 枝角类	**Cladocera**									
12.短尾秀体溞	*Diaphanosoma brachyurum*		+							
13.西藏拟溞	*Daphniopsis tibetana*	+					+		+	+
14.蚤状溞	*Daphnia pulex*		+	+		+		+		
15.长额象鼻溞	*Bosmina longirostris*					+	+			
Ⅳ 桡足类	**Copepoda**									
16.无节幼体	*Nauplius*	+	+	+	+	+	+	+	+	+
17.近邻剑水蚤	*Cyclops vicinus*					+		+		
18.西藏指镖水蚤	*Acanthodiaptomus tibetanus*		+						+	+
19.斯氏北镖水蚤	*Arctodiaptomus stewartianus*	+	+	+	+	+	+	+		
20.直刺北镖水蚤	*Arctodiaptomus rectispinosus*	+			+	+		+		+
21.锯缘真剑水蚤	*Eucyclops serrulatus*		+	+		+				
22.英勇剑水蚤	*Cyclops strenuus*	+		+			+	+		
23.草绿刺剑水蚤	*Acanthocyclops viridis*		+			+				

表 3-8　调查区浮游动物种类数及所占比例

	原生动物	轮虫	枝角类	桡足类	合计
种类	8	3	4	8	23
比例	34.78%	13.04%	17.39%	34.78%	100%

（2）浮游动物的密度和生物量

调查区浮游动物的密度变化范围为 15～26 ind./L，平均密度为 20.22 ind./L。其中，桡足类密度最高，平均密度为 7.44 ind./L；原生动物的平均密度为 6.56 ind./L；枝角类的平均密度为 3.44 ind./L；轮虫的平均密度为 2.78 ind./L。

调查区浮游动物的生物量变化范围为 0.040 0～0.159 6 mg/L，平均生物量为 0.129 7 mg/L。其中，枝角类的平均生物量最大，为 0.103 3 mg/L；桡足类为 0.022 8 mg/L；轮虫类为 0.001 1 mg/L；原生动物为 0.002 5 mg/L。

各采样点浮游动物的密度和生物量见表 3-9。

表 3-9　调查区浮游动物密度(ind./L)和生物量(mg/L)

种类		1	2	3	4	5	6	7	8	9	平均
原生动物	密度	4	10	8	7	6	8	6	6	4	6.56
	生物量	0.013 0	0.001 1	0.000 8	0.001 3	0.001 2	0.000 6	0.002 1	0.001 1	0.001	0.002 5
轮虫	密度	10	4					6			2.78
	生物量	0.005 6	0.001 0	0	0.003 0	0	0	0.000 7	0	0	0.001 1
枝角类	密度	4	3	3	5	4	4	6	2	0	3.44
	生物量	0.120 0	0.090 0	0.09	0.150 0	0.120 0	0.120 0	0.18	0.060 0	0	0.103 3
桡足类	密度	7	9	4	5	10	7	4	8	13	7.44
	生物量	0.021 0	0.027 0	0.016	0.015 0	0.030 0	0.021 0	0.012	0.024 0	0.039	0.022 8
总计	密度	25	26	15	22	20	19	22	16	17	20.22
	生物量	0.159 6	0.119 1	0.106 8	0.169 3	0.151 2	0.141 6	0.194 8	0.085 1	0.04	0.129 7

（3）现状分析

调查区范围共检出浮游动物 4 大类 23 种(属)，其中原生动物和桡足类最多，枝角类和轮虫相对较少。

由表 3-9 可以看出，各采样断面中，坝址处的密度和生物量最高，坝下和星星海出湖口段密度和生物量最低，原因可能是库区的水域面积大、水流相对较缓、水体营养盐含量丰富,更适合浮游动物的繁殖和生长,坝下河段由于坝上泄水、流速较大,密度和生物量偏低。

3.2.5 底栖动物

（1）底栖动物种类

调查区共检出底栖动物 3 门 8 种（属）,种类相对较少。其中,节肢动物门最多,有 5 种（属）,占总数的 62.5％;环节动物门和软体动物门分别有 2 种和 1 种（属）,分别占总数的 25％和 12.5％。调查区底栖动物名录见表 3-10,各种类型种类数及所占比例见表 3-11。

从种类分布看,调查区水域底栖动物以节肢动物占优势,其次为环节动物、软体动物。优势种有钩虾、摇蚊幼虫等。

表 3-10　调查区底栖动物名录

物种	拉丁名	1	2	3	4	5	6	7	8	9
Ⅰ 环节动物门	**Annelida**									
1. 水丝蚓	*Linmodrilus* sp.	＋				＋				
2. 颤蚓	*Tubifex* sp.						＋			
Ⅱ 软体动物门	**Mollusc**									
3. 萝卜螺	*Radix* sp.			＋		＋				
Ⅲ 节肢动物门	**Arthropoda**									
4. 钩虾	*Gammarus* sp.		＋		＋	＋		＋		＋
5. 前突摇蚊	*Procladius* sp.				＋		＋			
6. 摇蚊幼虫	*Chironomus* sp.	＋		＋			＋	＋		＋
7. 环足摇蚊	*Cricotopus* sp.		＋			＋				
8. 长跗摇蚊	*Ecdyrus* sp.	＋			＋			＋		

表 3-11　调查区底栖动物种类数及所占比例

	环节动物	软体动物	节肢动物	合计
种类	2	1	5	8
比例	25％	12.5％	62.5％	100％

（2）底栖动物种密度和生物量

调查区底栖动物的平均密度为 6.22 ind./m²,平均生物量为 3.866 g/m²。

其中,环节动物密度为 1.333 ind./m^2,生物量为 0.63 g/m^2;软体动物密度为 0.556 ind./m^2,生物量为 0.871 g/m^2;节肢动物密度为 4.333 ind./m^2,生物量为 2.366 g/m^2。

底栖动物的密度及生物量见表 3-12。

表 3-12　调查区底栖动物密度(ind./m^2)和生物量(g/m^2)

种类		1	2	3	4	5	6	7	8	9	平均
环节动物	密度	5	0	0	0	4	3	0	0	0	1.333
	生物量	2.300	0	0	0	2.040	1.330	0	0	0	0.63
软体动物	密度	0	0	3	0	2	0	0	0	0	0.556
	生物量	0	0	4.701	0	3.134	0	0	0	0	0.871
节肢动物	密度	3	8	2	9	5	2	6	0	4	4.333
	生物量	0.536	3.714	0.342	5.603	3.672	1.862	1.354	0	4.210	2.366
总计	密度	8	8	5	9	11	5	6	0	4	6.22
	生物量	2.836	3.714	5.043	5.603	8.846	3.192	1.354	0	4.21	3.866

(3) 现状分析

调查区范围内共检出底栖动物 3 门 8 种(属),其中节肢动物最多,软体动物和环节动物种类相对较少。

由表 3-12 可以看出,各采样断面中的底栖动物种类水平分布存在一定差异,鄂陵湖出湖口存在一定量的环节动物和软体动物,其他采样断面分布较少;相对各个断面,除了坝下断面,其他采样断面都有一定量的节肢动物存在。

3.2.6　水生维管束植物

黄河源水电站附近水量丰富,水文的季节性变化明显,水流湍急,底质多为砂石,水生维管束植物很少见。在本次调查中仅在鄂陵湖入湖口、黄河源水电站库区和星星海区域发现有圆囊薹草沼泽和杉叶藻沼泽两种水生维管束植物,但数量很少,未做定量分析。

3.2.7　鱼类资源

3.2.7.1　鱼类种类

黄河源水电站位于鄂陵湖湖口下游 17 km 处的黄河干流上,上游有黄河源头姊妹湖——鄂陵湖和扎陵湖,下游有星星海等湖泊,水量丰富。该区域交通不便、人烟稀少,环境比较原始。由于调查区地处三江源国家级自然保护区扎陵湖-鄂陵湖保护分区、星星海保护分区,为了尊重当地藏民的宗教信仰,因而针对鱼类的调查较少。水电站河段与鄂陵湖相连,且相距不远,其鱼类资源基本和鄂陵湖一致。

2011 年 8 月,青海省渔业环境监测站对黄河源区鱼类进行本底调查,重点调查了扎陵湖、鄂陵湖、星星海和达日县的鱼类资源,在扎陵湖采集到花斑裸鲤、极边扁咽齿鱼、骨唇黄河鱼、拟鲶高原鳅和硬刺高原鳅 5 种,在鄂陵湖采集到了花斑裸鲤 1 种,在星星海采集到了花斑裸鲤 1 种,在达日县采集到了黄河裸裂尻鱼、厚唇裸重唇鱼和拟鲶高原鳅 3 种。2014 年 5 月,青海省渔业环境监测站联合中国科学院水生生物研究所对黄河源区鱼类再次进行了调查,在达日县采集到黄河裸裂尻鱼、厚唇裸重唇鱼、花斑裸鲤和拟鲶高原鳅 4 种,在星星海采集到了花斑裸鲤和极边扁咽齿鱼 2 种,在坝下黄河乡采集到了花斑裸鲤和极边扁咽齿鱼 2 种,在扎陵湖采集到了花斑裸鲤、极边扁咽齿鱼和拟鲶高原鳅 3 种。

出于尊重当地藏民的宗教信仰,本次鱼类调查主要以访问调查和参考三江源保护区历史资料为主。2017 年 5 月,保护区渔政部门在坝下黄河大桥段执法期间收缴渔民非法捕鱼的渔获物有花斑裸鲤、拟鲶高原鳅、硬刺高原鳅等,其中花斑裸鲤的数量较多,体型也相对较大,说明资源比较丰富。2017 年 12 月,保护区渔政部门在扎陵湖的出湖口救助了因湖边结冰而搁浅的花斑裸鲤,数量较多。2018 年 7 月,在花斑裸鲤洄游期间,可在黄河源水电站坝下看到大量花斑裸鲤聚集,被阻隔于坝下,数量众多。根据黄河源水电站黄河段各时期鱼类资源调查成果,统计出调查区鱼类有 1 目、2 科、6 属、8 种,调查区水域范围内鱼类仅记录有鲤形目、鲤科和鳅科。其中,高原鳅属 3 种,占鱼类总数的 37.50%;裸鲤属、扁咽齿鱼属、黄河鱼属、裸裂尻鱼属、裸重唇鱼属各 1 种,分别占总数的 12.50%。以上均为土著种鱼类,无外来种。调查区流域内主要优势种为花斑裸鲤、极边扁咽齿鱼。调查区范围内列入《中国生物多样性红色名录》中的鱼类有 6 种,其中濒危的有骨唇黄河鱼和极边扁咽齿鱼,易危的有花斑裸鲤、黄河裸裂尻鱼、厚唇裸重唇鱼和拟鲶高原鳅;列入《中国濒危动物红皮书:鱼类》中的鱼类有 3 种,分别为骨唇黄河鱼、极边扁咽齿鱼和拟鲶高原鳅;列入青海省级重点保护的鱼类有 3 种,分别为极边扁咽齿鱼、骨唇黄河鱼和拟鲶高原鳅。调查区鱼类名录见表 3-13。

表 3-13 调查区鱼类名录

种类	科	属	物种	黄河源水电站 1997 年环评阶段	2008 年保护区科考期间	2011 年和 2014 年青海省渔业环境监测站科考期间	本次调查结果	
							坝上段	坝下段
鲤形目	鲤科	裸鲤属	花斑裸鲤 *Gymnocypris eckloni*	+	+	+	+	+
		扁咽齿鱼属	极边扁咽齿鱼 *Platypharodon extremus*	+	+	+		
		黄河鱼属	骨唇黄河鱼 *Chuanchia labiosa*	+	+	+		
		裸裂尻鱼属	黄河裸裂尻鱼 *Schizopygopsis pylzovi*	+	+	+		
		裸重唇鱼属	厚唇裸重唇鱼 *Gymnodiptychus pachycheilus*	+	+	+		
	鳅科	高原鳅属	硬刺高原鳅 *Triplophysa scleroptera*	+	+	+		+
			拟鲶高原鳅 *Triplophysa siluroides*	+	+	+		+
			背斑高原鳅 *Triplophysa dorsonotata*	+	+			

3.2.7.2 鱼类区系

调查区鱼类由 1 个鱼类区系复合体——中亚山地区系复合体组成。该复合体为高寒特有鱼类,主要是裂腹鱼亚科鱼类、高原鳅等,区系结构组成简单。

3.2.7.3 生态类型

(1) 食性类型

根据调查区成鱼摄食对象的不同,可以将调查区鱼类划分为两类:

① 植食性鱼类:包括以着生藻类为食的裂腹鱼亚科鱼类等。

② 杂食性鱼类:该类鱼食谱广(包括小型动物、植物及其碎屑),其食性在不同环境水体和不同季节有明显变化,包括高原鳅属鱼类等。

（2）产卵类型

本水域绝大多数鱼类为产黏沉性卵类群。这一类群包括裂腹鱼亚科鱼类、高原鳅等，其产卵季节多为春夏间，也有部分种类晚至秋季，且对产卵水域流态底质有不同的适应性，多数种类都需要一定的流水刺激。产出的卵或黏附于石砾发育，或落于石缝间在激流冲击下发育。

3.2.7.4　渔业资源及渔获物组成

根据现场调查及走访当地保护区渔政部门，黄河源水电站区域没有开展人工增殖放流及渔业养殖活动。2018 年 7 月，在花斑裸鲤洄游期间，可在黄河源水电站坝下看到大量花斑裸鲤聚集，被阻隔于坝下，数量众多，如图 3-1 所示。

3.2.7.5　珍稀保护鱼类

（1）极边扁咽齿鱼

极边扁咽齿鱼别名小嘴巴鱼、鳇鱼、草地鱼，属鲤形目、鲤科、扁咽齿鱼属，主要分布于黄河上游高原的宽谷河流中。体长，侧扁，腹部圆，头钝锥形，吻钝圆，口下位，上唇宽，下唇细狭，唇后沟止于口角，无须，体裸露，仅具臀鳞。侧线鳞不显，肩带处鳞片消失或留痕迹。背鳍刺强，具深锯齿，尾柄短，体侧银灰色，背侧银灰色，腹部浅黄或灰白色。适应海拔 3 000 m 以上的高原河流中生活，栖息环境为水底多石砾、水质清澈的缓流或静水水体，繁殖期在 5—6 月开冰之后，产卵场位水深 1 m 以内的缓流处，卵黄色、沉性、稍带黏性。食物以硅藻和蓝藻为主，偶食浮游动物和摇蚊幼虫。

该鱼在青藏高原黄河上游的星宿海、扎陵湖、鄂陵湖，至青海省玛多县、达日县、久治县、兴海县、共和县、贵德县，四川红原县、若尔盖县，甘肃玛曲县等地的黄河流域干支流及其湖泊、大通河上游水域皆有分布。2011 年和 2014 年青海省渔业环境监测站在扎陵湖和星星海均发现极边扁咽齿鱼，本次调查未发现极边扁咽齿鱼样本。

（2）骨唇黄河鱼

骨唇黄河鱼别名大嘴鳇鱼、小花鱼，属鲤形目、鲤科、黄河鱼属，主要分布于青海省龙羊峡以上的黄河上游及其支流中。体长，稍侧扁，头锥形，吻略突出，口下位，横裂，唇后沟连续，两侧深，中间浅，无须，眼稍大，体裸露，仅在肩处有少数不规则的鳞片和腹、臀鳍间的臀鳍。侧线鳞在体前部为皮褶状，后部不明显。背鳍硬刺强，具深锯齿。尾鳍呈尖叉状。体背侧灰褐色带黄，腹侧银白，体侧具少数暗斑块，各鳍浅灰色或黄灰色。适应高原海拔 3 000～4 300 m 的宽谷河段和湖泊，喜在河流干支流清冷水域缓流区的上层水体中活动，也能

放置流刺网　　　　　　　　　　　　流刺网渔获物

流刺网渔获物　　　　　　　　　　　　花斑裸鲤

拟鲶高原鳅　　　　　　　　　　　　坝下洄游鱼类

图 3-1　鱼类现状调查

进入附属水体静水环境生活。5 月份产卵,卵黄色、黏性,主要摄食水生无脊椎动物和硅藻。

该鱼在黄河上游及湖泊内常见,多分布于海拔 3 000～4 300 m 的静缓流水水域。黄河上游星宿海、扎陵湖、鄂陵湖,直至玛多县、达日县、久治县,四川红原县,甘肃玛曲县等地的黄河流域干支流和诸湖泊水域皆有分布。2011 年青海省渔业环境监测站在扎陵湖发现骨唇黄河鱼 4 尾,本次调查未发现骨唇黄河鱼样本。

（3）拟鲶高原鳅

拟鲶高原鳅别名土鲶鱼、石板头，属鲤形目、鳅科、高原鳅属，主要分布于甘肃靖远到青海贵德一带黄河上游的干支流及附属湖泊。体粗壮，前端宽阔，稍平扁，后端近圆形，尾柄细圆。头大，平扁，背面观呈三角形。口大，下位，弧形。唇无乳突，下颌匙状。须 3 对，吻须 2 对（较短），口角须 1 对（长），眼小。体无鳞，体表皮肤散布有短条状和乳突状的皮质突起。侧线平直。背鳍位于体中部，与腹鳍相对；胸鳍平展；尾鳍内凹，上叶稍长。体背侧黄褐色，腹部浅黄，体背及体侧具黑褐色的圈纹和云斑，各鳍均具斑点。生活于海拔较高的高原河流，附属湖泊上游的河口地区数量较多。常喜潜伏于干流、大支流等水深湍急的砾石底质的河段，也栖息于冲积淤泥、多水草的缓流和静水水体，营底栖生活。7—8 月份产卵，为肉食性鱼类，成鱼以捕食鱼类为主，幼鱼食水生昆虫幼虫。

该鱼主要分布于黄河上游干支流，黄河上游河段历年报道中均有发现，本次调查在水电站坝下发现拟鲶高原鳅，且有一定的规模。

3.2.7.6 鱼类重要生境

（1）产卵场

根据调查区鱼类名录表，调查区鱼类均为裂腹鱼亚科和高原鳅属鱼类，表明调查区黄河干流段流域内并没有发现产漂流性卵的鱼类。

① 裂腹鱼亚科鱼类产卵场

武云飞等在 1966 年、1977 年和 1985 年曾调查过扎陵湖和鄂陵湖及黄河上游其他河段的鱼类产卵场，调查发现极边扁咽齿鱼的产卵场是在扎陵湖和鄂陵湖之间的黄河泥沙质浅水的河汊处，花斑裸鲤主要的产卵场在扎陵湖和鄂陵湖之间黄河干流砂砾石底的洄水坑中。根据现场调查和访问调查结果，调查区域鱼类产卵场主要集中在扎陵湖出湖口到鄂陵湖入湖口之间，该河段为流水生境，流速较大，砾石底质，河道为深-窄型。鄂陵湖和扎陵湖均为湖泊形态，无法满足裂腹鱼亚科鱼类的产卵条件，两湖之间的流水生境可刺激裂腹鱼亚科的鱼类产卵。2018 年 7 月，黄河源水电站坝下段可看到大量花斑裸鲤被阻隔于坝下，可知花斑裸鲤的产卵场主要集中在坝上段，即扎陵湖出湖口到鄂陵湖入湖口之间，与武云飞等的调查结果一致。

② 高原鳅属鱼类产卵场

鄂陵湖、扎陵湖和黄河源水电站库区沿岸主要为缓流及静水水体，库区拦河坝拦河蓄水使库区水量增加，水域面积扩大。拟鲶高原鳅、硬刺高原鳅和背斑高原鳅喜缓流和静水生境，本区库区内静水环境可以满足高原鳅属的栖息繁殖要求。2017 年 5 月,保护区渔政部门在坝下黄河大桥段执法期间收缴渔民非法捕鱼的渔获物,发现坝下缓流河段内存在有一定量成熟度较好的拟鲶高原鳅、硬刺高原鳅,可初步判断静水水域为高原鳅属适宜的产卵场。由于高原鳅属鱼类对繁殖条件要求较低,因此调查区能够满足高原鳅属鱼类产卵、繁殖的场所较多。

（2）索饵场

调查区河段水生态环境多变,有流水型河段、平缓的水库回水河段、上下游湖泊水体等不同的生态类型。不同的生态类型河段,形成了特有的鱼类索饵场。流域的鱼类多为杂食性鱼类,花斑裸鲤、黄河裸裂尻和极边扁咽齿鱼以着生藻类为食,主要刮取石面或者泥面上的着生藻类;骨唇黄河鱼、厚唇裸重唇鱼以浮游或底栖动物为食;拟鲶高原鳅、硬刺高原鳅主要以底栖动物、昆虫为食。结合调查区鱼类分布特点和索饵习性判断认为索饵场一般较分散,特别是花斑裸鲤、极边扁咽齿鱼、黄河裸裂尻等本区优势种鱼类的索饵场多而分散,常在一些浅水河滩觅食。本次调查认为调查区没有成规模的鱼类索饵场分布,索饵场多零散分布在湖周区域。

（3）越冬场

冬季来临之前,鱼类的活动能力将降低,为了保证在寒冷的季节有适宜的栖息条件,往往进行由浅水环境向深水或由水域的北部向南部移动的越冬洄游,方向稳定。越冬场一般位于干流的河床深处或坑穴中,水体宽大而深,多为河沱、河槽、湾沱、回水或微流水和流水,底质多为乱石或礁石,凹凸不平。调查区内坝上有鄂陵湖、扎陵湖、黄河源库区等深水区,坝下有星星海等多个湖泊,可为调查区内鱼类提供越冬场所,如图 3-2 所示。

鄂陵湖越冬场　　　　　　　　　　　　星星海越冬场

图 3-2　越冬场现状调查

（4）洄游通道

调查区内花斑裸鲤、黄河裸裂尻、骨唇黄河鱼、厚唇裸重唇鱼和极边扁咽齿鱼具有溯河繁殖洄游习性，繁殖期洄游距离在几千米至十几千米范围内。硬刺高原鳅、背斑高原鳅、拟鲶高原鳅等属于定居性鱼类。现场调查发现，黄河源水电站坝下段可看到大量花斑裸鲤由于生殖洄游而被阻隔于坝下，因而可知黄河源水电站坝下段黄河干流为裂腹鱼亚科的洄游通道，如图 3-3 所示。

洄游通道　　　　　　　　　　　　洄游中的花斑裸鲤

图 3-3　洄游通道现状调查

第 4 章　陆生生态环境现状调查研究

4.1　土地利用现状调查

4.1.1　调查区域土地利用现状

　　调查区内土地利用现状调查是在现有资料基础上,运用景观法进行卫片解译,即以植被作为主导因素,结合土壤、地貌等因子进行综合分析,对土地进行分类,将土地利用现状类型分为草地、水域、建设用地和荒漠及其他土地四种类型。统计情况见表 4-1。

表 4-1　调查区域土地利用现状表

土地利用类型	面积/hm²	占调查区比例/%	斑块数目	百分比/%
草地	1 921 008.1	85.78	16 601	38.73
水域	160 142.99	7.15	4 098	9.56
建设用地	191.5	0.01	31	0.07
荒漠及其他土地	158 232.62	7.07	22 131	51.63
合计	2 239 575.21	100	42 861	100

　　调查区范围内草地面积为 1 921 008.1 hm²,占整个生态规划范围面积的85.78%,是调查区内的模地,也是调查区内主要的景观拼块类型。

4.1.2　调查区域土地利用类型变化分析

　　黄河源水电站建设对区域内土地利用类型有一定的影响,主要是湿地面积变化。为明确调查区土地利用变化情况,本研究通过解译遥感卫星影像资料对黄河源水电站建设前(1994 年)、运行期(2007 年)和停运期(2017 年)进行对比分析,详见表 4-2。其中,1994 年和 2017 年植被类型和土地利用类型如图 4-1～图 4-4 所示。

表 4-2　调查区域土地类型变化对比分析表

项目	停运期 (2017 年)	运行期 (2007 年)	建设前 (1994 年)	变化量	
土地利用类型	面积 /hm²	面积 /hm²	面积 /hm²	面积 (2007—1994) /hm²	面积 (2017—2007) /hm²
草地	1 921 008.1	1 924 266.42	1 932 669.05	−8 402.63	−3 258.32
水域	160 142.99	158 562.99	156 402.99	2 160	1 580
建设用地	191.5	187.47	152.3	35.17	4.03
荒漠及其他土地	158 232.62	156 558.33	150 350.87	6 207.46	1 674.29
合计	2 239 575.21	2 239 575.21	2 239 575.21	0	0

水电站建设前、运行期和停运期内调查区的主要土地利用类型发生了一定的变化。主要表现为:

(1) 水域面积有所增加。根据卫片解译结果,调查区内水域面积是在逐步增加的,但结合《1976—2014 年黄河源区湖泊变化特征及成因分析》(段水强 等,2015),黄河源区在 2004 年之前水域面积是减少的,而在 2005 年区域水域面积已经恢复到萎缩前的水平且呈逐步上升趋势,主要原因有:① 全球升温造成环流形势发生变化,导致黄河源区降水增加,同时降水径流由枯转丰以及汛期降水比重增加。② 下游黄河源水电站抬高水位,导致鄂陵湖 2005 年以后水位开始快速上升,2007 年 7 月水位上升至 4 270 m 以上,2008—2014 年平均水位达到海拔 4 270.58 m,较 1986—1999 年的平均水位上升了 2.33 m,湖面较 1994 年扩张了 30.0～45.2 km²。

(2) 草地面积有所减少。这是由于区域气候变化,河道两侧及交通要道沿线和靠近居民点等人类活动导致区域草地退化,境内牧民的过度放牧,鼠害以及自然灾害所造成的。但随着三江源国家公园退牧还草工程和三江源生态保护工程的实施,草地退化速度在减缓。

(3) 建筑面积有所增加。随着人口增加及经济建设进行,建筑面积相应增加。

(4) 荒漠面积有所增加。部分草地退化成荒漠,主要原因有:① 气候变

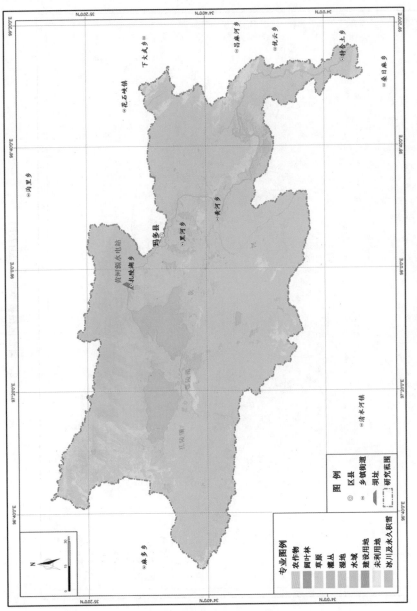

图4-1　调查区植被类型图(1994年)

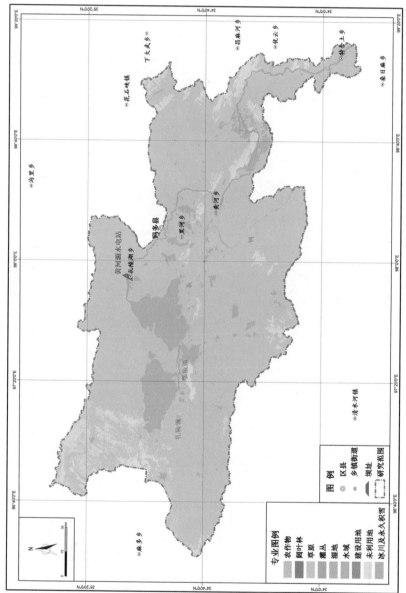

图4-2　调查区植被类型图(2017年)

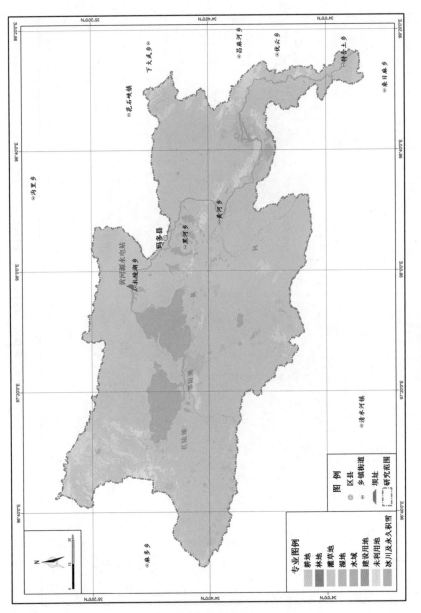

图4-3　调查区土地利用类型图(1994年)

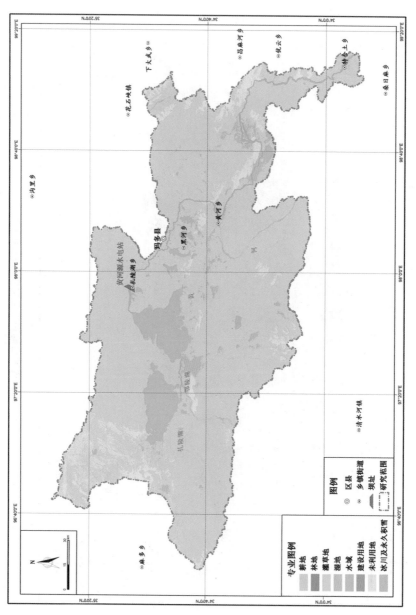

图4-4 调查区土地利用类型图 (2017年)

化。区域气候干旱,大风天气多变,加速了沙化的进程。② 鼠害。鼠类挖洞,洞道密集,纵横交错,严重破坏了草场植被,造成地表塌陷和严重的水土流失,同时鼠类采食地表植被,加速了土壤的沙化,为草场退化、荒漠扩张创造条件。③ 人类经济活动对自然资源、生态环境的破坏。

由于本调查区范围涉及三江源国家级自然保护区扎陵湖-鄂陵湖保护分区整个区域,因此黄河源水电站建设前(1994 年)、运行期(2007 年)和停运期(2017 年)遥感卫星影像资料解译范围过大,解译结果显示的各类土地类型变化的原因复杂。其中,只有水域面积的增加与黄河源水电站建设有密切关系。

4.2　生态系统现状调查

4.2.1　生态系统现状

生态系统是指有机体与其共存的环境形成的一个不可分割的整体。有机体与无机环境各组成部分之间并不是孤立的、静止的,更不是偶然聚集在一起的。它们相互联系、相互制约,有规律地组合在一起,处在不断运动变化之中。

根据对调查范围内土地利用现状的分析,结合动植物分布和生物量的调查,对评价范围的陆生生态环境进行生态系统划分,可分为草原生态系统、荒漠生态系统、湿地生态系统和城镇/村落生态系统等四大生态系统。根据遥感解译数据,调查区各生态系统的分布面积见表 4-3。

表 4-3　调查区各生态系统的分布面积

生态系统类型	草原生态系统	湿地生态系统	荒漠生态系统	城镇/村落生态系统
面积/hm²	1 921 008.1	160 142.99	158 232.62	191.5
所占百分比/%	85.78	7.15	7.07	0.01

(1) 草原生态系统

调查区草原生态系统面积为 1 921 008.1 hm²,占调查区总面积的 85.78%。草原生态系统以高寒的蒿草属植物为主,植物种类相对简单,植株稀疏低矮,生物量相对较低。主要植被类型有紫花针茅草原、线叶蒿草草原、藏北蒿草草甸、大籽蒿草甸、矮生蒿草草甸等;主要动物有白腰雪雀、棕颈雪雀、棕背雪雀、短趾百灵、细嘴短趾百灵、猎隼、大䴉、高原兔、高原鼠兔、喜马拉雅旱獭、高原鼢鼠、藏羚羊、藏野驴等。

（2）荒漠生态系统

调查区荒漠生态系统面积为 158 232.62 hm²，占调查区总面积的 7.07%。调查区荒漠生态系统主要是草地退化后形成的，常见的荒漠植物有红砂、驼绒藜、补血草属等；主要动物种类有青海沙蜥、崖沙燕、红翅旋壁雀、胡兀鹫、猎隼、岩羊等。

（3）湿地生态系统

调查区湿地生态系统面积为 160 142.99 hm²，占调查区总面积的 7.15%。调查区内的湿地生态系统主要为黄河干支流、鄂陵湖、扎陵湖、星星海等，河岸及湖区周围主要分布的是匍匐水柏枝灌丛、线叶嵩草草原、藏北嵩草草甸、沙生风毛菊草甸、圆囊薹草沼泽等。湿地生态系统是区域动物栖息活动的重要场所，尤其是鸟类，常见的有凤头鸊鷉、普通鸬鹚、灰雁、斑头雁、赤麻鸭、赤颈鸭、绿翅鸭、绿头鸭、斑嘴鸭、鹊鸭、普通秋沙鸭、渔鸥、棕头鸥、银鸥、普通燕鸥、苍鹭、大白鹭、黑颈鹤、灰鹤、金斑鸻、环颈鸻、蒙古沙鸻、鹗等。

（4）城镇/村落生态系统

城镇/村落生态系统面积为 191.5 hm²，占调查区总面积的比例不足0.01%，但该生态系统的面积一直在扩大，且随着城镇化进程的加快，扩大的速度也在逐渐加快。由于人为干扰严重，因此植被类型简单，主要是一些绿化和园林树种。与人类伴居的动物多活动于此，如树麻雀、白鹡鸰等。调查区内城镇/村落生态系统主要分布在扎陵湖乡，如鄂陵村。

4.2.2　生态系统变化分析

黄河源水电站建设对区域内生态系统有一定的影响，尤其是湿地生态系统。本报告选取黄河源水电站建设前（1994 年）、运行期（2007 年）和停运期（2017 年）进行对比分析。水电站建设前、运行期和停运期内调查区内生态系统发生了一定的变化，见表 4-4。其中，草原生态系统面积有所减少，荒漠生态系统、湿地生态系统及城镇/村落生态系统均有所增加，主要原因是电站建设使得水面抬升，鄂陵湖水位上升约 2.3 m，水面面积增加。荒漠生态系统增加主要是区域草地退化导致的，但根据几期卫片解译结果，区域内的草地生态系统在逐步改善。城镇/村落生态系统面积增加主要是因为人口增加，建筑面积相应增加。

表 4-4　调查区黄河源水电站建设前后生态系统的变化分析表

项目	生态系统类型	草原生态系统	荒漠生态系统	湿地生态系统	城镇/村落生态系统
建设前（1994 年）	面积/hm²	1 932 669.1	150 350.87	156 402.99	152.3
	所占百分比/%	86.30	6.71	6.98	0.01
运行期（2007 年）	面积/hm²	1 924 266.4	156 558.33	158 562.99	187.47
	所占百分比/%	85.92	6.99	7.08	0.01
停运期（2017 年）	面积/hm²	1 921 008.1	158 232.62	160 142.99	191.5
	所占百分比/%	85.78	7.07	7.15	0.01
变化量	面积/hm²	−11 660.95	7 881.75	3 740	39.2
	百分比变化/%	−0.60	5.24	2.39	25.74

4.2.3　陆生植物现状与评价

4.2.3.1　建设前陆生植物现状

黄河源水电站地处高山草甸带向高山草原带的过渡位置,可以明显地看出两条生态界线:一条大致沿着 34°30′N 东西伸展,位于巴颜喀拉山主脉的北侧,它是温湿的高原草甸与干寒的高山草甸地区的分界线。另一条界线是高山草原与干旱高寒草甸地区的分界线,大致沿县城、鄂陵、扎陵盆地北缘向西北延伸到约古宗列盆地北缘的低山,这条界线北侧可以看到干旱的草原植被沿谷地向南伸入的情况。其植被水平分异和垂直分异是叠加在一起的,植被类型随地势起伏的变化也较明显。河谷、盆地相对比较干暖,高原山顶风大、寒冷,阳坡干暖,阴坡湿冷。在山顶夷平面上,普遍发育着碎石坡、"石海"、石条带的石成土壤,主要分布有垫状点地梅、垫状蚤缀等植物,以及多种风毛菊呈镶嵌状的稀疏植被。丘陵缓坡下部发育着泥流扇的水成土壤,分布着以垂头菊为主的处于演替阶段的群落。盆地、河谷、低洼处永冻土分布的地段,主要分布着以列氏嵩草为代表的沼泽化草甸。而洪积扇和河流阶地水成土壤上,分布着含密花黄芪、甘肃棘豆、早熟禾、紫花针茅、披碱草、鹅观草和矮嵩草的草原化草甸。在一些盐湖周围的盐成土壤上,分布着碱蓬、海韭菜、剪刀股等盐生植物。这些植物一般含盐充分,营养丰实,牛羊食后最易上膘催肥。

水电站的北部属于干旱高寒草甸地区,多丘陵和河砾滩地。草场地表疏松,植被稀疏,草皮层薄,加之长期受唐古拉寒冷强风和柴达木荒漠草原影响,引起风沙吹蚀。在丘陵地带,扇穗茅为优势种,风毛菊则为主要的伴生草种,其盖度为 40%,低者仅有 10%。在山间宽谷平坦地上,由于地形开阔,无阻风屏障,因此风蚀现象更为严重,草层和原生植被受到破坏,变成河砾滩地。这里主要生长着一些耐寒耐旱、水分不易蒸发的密丛性垫状植物,而垫状点地梅和矮小而形成草丘的风毛菊是这里的优势草种,在草丘间的沙砾地上生长着极稀疏的早熟禾、沙生蒿、火绒草、唐松草、委陵菜等杂草。

本地区的牧草主要是禾本科、莎草科等 30 科、140 属、429 种。各类牧草一般 5 月萌绿发芽,9 月底枯黄,青旺期在 7、8 月,草高约 10 cm。在向阳较缓的河谷地区分布有很少的黑刺,高 1～2 m,枝干遍生针状刺,生命力较强,极耐风霜寒冻。

由于黄河源水电站地处干旱高寒草甸地区,地势平缓,海拔高,对植物生长不利,因此这里植被种类少,比较单一。在湖滨因水分充足,生长较茂盛,主要生长有适合作为饲料的牧草等植物资源,如藏北嵩草、点地梅、马先蒿、香青、垂头菊、河生风毛菊、红景天、垫状点地梅、披针叶黄华、黄芪等。在湖滨阶地上植物和盖度达 80% 以上,为良好的冬季牧场。

4.2.3.2 运行期陆生植物现状

4.2.3.2.1 植物区系

调查区位于玛多县境内,地处干旱高寒草甸区,平均海拔在 4 200 m 以上,地形变化平缓,植被稀疏低矮。区域内湖泊、沼泽众多,主要湖泊有扎陵湖、鄂陵湖和星星海等,为高山草甸沼泽地。根据《中国种子植物区系地理》(吴征镒 等,2010),调查区属东亚植物区、青藏高原亚区、唐古特地区、阿尼玛卿亚地区。

(1)植物区系组成成分数量统计分析

2018 年 10 月,对调查区陆生植物现状进行了调查和分析。该区域属于高原地区,气候寒冷干旱,植被以草原、草甸为主。通过对区域范围所涉及的植物资源的样本采集和样方调查,参考《青海植物志》(中国科学院西北高原生物研究所,1999)、《青海经济植物志》(中国科学院西北高原生物研究所,1987)和《青海植物名录》(青海省农业资源区划办公室 等,1998),结合《玛多县黄河源水电工程环境影响评价报告》等本地调查资料,以及《三江源自然保护区湿地种子植物区系分析》(马世鹏 等,2015)、《三江源自然保护区主要林区种子植物多样性及其保护研究》(何友均,2005)、《扎陵湖-鄂陵湖保护分区野生植物调查》(蔡延玲,2016)、《扎陵湖-鄂陵湖自然保护分区湿地生物群落结构调查》(段培 等,2015)、《鄂陵湖和扎陵湖毗邻地区野生药用植物》(吴玉虎,1990)等文献资料的系统整理,裸子植物分类系统参照郑万钧分类系统,被子

植物分类系统参照恩格勒分类系统,统计得出调查区内主要维管束植物共计
40 科、163 属、501 种(含种下分类等级,不包括栽培种;下同),裸子植物仅有 1
科、1 属、1 种,其余 39 科、162 属、500 种全部为被子植物。调查区主要维管束
植物科、属、种数量分别占青海省野生维管束植物总科数的 35.09%、总属数的
25.79%、总种数的 20.70%,详见表 4-5。

表 4-5　调查区主要维管束植物统计

项目	蕨类植物			裸子植物			被子植物			维管束植物		
	科	属	种	科	属	种	科	属	种	科	属	种
调查区	0	0	0	1	1	1	39	162	500	40	163	501
青海省	14	19	40	3	7	33	97	606	2 347	114	632	2 420
占青海省比例/%	0	0	0	33.33	14.29	3.03	40.21	26.73	21.30	35.09	25.79	20.70

注:青海省维管束植物数据来源于《青海维管束植物的多样性》(周兴民,2011)。

调查区植物区系主要由种子植物组成,以草本植物为主,木本植物较少。
在 40 个科中,含属、种较多的科有禾本科、菊科、豆科、莎草科、毛茛科等;在
163 个属中,含种类较多的属有风毛菊属、棘豆属、马先蒿属、早熟禾属、嵩草
属、龙胆属等。

(2) 植物区系地理成分数量统计分析

属往往在植物区系研究中作为划分植物区系地区的标志或依据。属的分
布区指某一属在地表分布的区域。按照吴征镒等关于中国种子植物属的分布
区类型系统,调查区野生维管束植物 163 属可划分为 10 个类型,详见表 4-6。

表 4-6　调查区野生维管束植物属的分布区类型

分布区类型	属数	占非世界分布属总数/%
1. 世界分布	32	
2. 泛热带分布	2	1.53
第 2~7 项热带分布	2	1.53
8. 北温带分布	77	58.78
9. 东亚和北美洲间断分布	1	0.76
10. 旧世界温带分布	15	11.45

表 4-6(续)

分布区类型	属数	占非世界分布属总数/%
11. 温带亚洲分布	8	6.11
12. 地中海、西亚至中亚分布	3	2.29
13. 中亚分布	9	6.87
14. 东亚分布	10	7.63
第8～14项温带分布	123	93.89
15. 中国特有分布	6	4.58
总计	163	100

由表 4-6 可知,将调查区 163 属野生维管束植物的分布区类型归并为世界分布、热带分布(第 2～7 项)、温带分布(第 8～14 项)和中国特有分布 4 个大类。因此,热带分布属、温带分布属分别有 2 属、123 属,分别占调查区野生维管束植物非世界分布总属数的 1.53%、93.89%。在温带分布型中,北温带分布属居首位,其次是旧世界温带分布属。热带分布仅有泛热带分布型。

属的分布类型分述如下:

① 世界分布属

世界分布类型包括几乎遍布世界各大洲而没有特殊分布中心的属,或有一个或数个分布中心而包含世界分布种的属。调查区本类型的野生维管束植物有 32 属,主要有剪股颖属、银莲花属、黄芪属、碎米荠属、薹草属、铁线莲属、龙胆属、杉叶藻属、豆瓣菜属、蓼属、眼子菜属、毛茛属、千里光属、早熟禾属、水麦冬属、苍耳属等。

② 热带分布属

调查区野生维管束植物热带分布属有 2 属,占调查区野生维管束植物非世界分布总属数的 1.53%,仅有 1 个分布型,为泛热带分布型。

泛热带分布类型:包括普遍分布于东、西两半球热带和在全世界热带范围内有一个或数个分布中心但在其他地区也有一些种类分布的热带属。该分布类型的野生维管束植物在本区共 2 属,占属总数的 1.53%,属于此分布区类型的有麻黄属和狼尾草属。

③ 温带分布属

调查区野生维管束植物温带分布属有 123 属,占调查区野生维管束植物非世界分布总属数的 93.89%,主要有 7 个分布型:

a. 北温带分布:调查区范围内地区属于此分布类型的有 77 属,分别占属总数的 58.78％,包括乌头属、冰草属、葱属、点地梅属、香青属、蒿属、紫菀属、燕麦属、紫堇属、翠雀属、发草属、播娘蒿属、葶苈属、青兰属、披碱草属、羊茅属、扁蕾属、海乳草属、碱毛茛属、独活属、嵩草属、绿绒蒿属、棘豆属、梅花草属、马先蒿属、委陵菜属、红景天属、风毛菊属、景天属、针茅属等。

b. 东亚和北美间断分布:此分布类型指分布于东亚和北美洲温带及亚热带地区的各属。调查区属于此类型的有 1 属,占属总数的 1.53％,属于此分布类型的仅有野决明属。

c. 旧世界温带分布:此类型分布是指广泛分布于欧洲、亚洲中高纬度的温带和寒温带的属。调查区范围内有 15 属,占属总数的 11.45％,包括水柏枝属、芨芨草属、侧金盏花属、筋骨草属、庭荠属、香薷属、橐吾属、棱子芹属等。

d. 温带亚洲分布:调查区仅有 8 属,占总属数的 6.11％,包括亚菊属、轴藜属、锦鸡儿属、无尾果属、以礼草属、大黄属、狼毒属、鸦跖花属。

e. 地中海、西亚至中亚分布:调查区仅有 3 属,占总属数的 2.29％,包括糖芥属、角茴香属、蚓果芥属。

f. 中亚分布:调查区仅有 9 属,占总属数的 6.87％,包括扇穗茅属、花旗杆属、藏荠属、角蒿属等。

g. 东亚分布:该类型分布是指从喜马拉雅往东到日本的一些属。调查区属于东亚分布类型的有 10 属,占总属数的 7.63％,包括微孔草属、丝瓣芹属、矮泽芹属、垂头菊属、绢毛菊属等。

④ 中国特有分布属

调查区共 6 属,占总属数的 4.58％,为颈果草属、马尿泡属、羽叶点地梅属、舟瓣芹属、高山豆属和黄冠菊属。

(3) 植物区系特征

通过对调查区维管束植物的调查及其属的分布类型统计分析,得出调查区植物区系特征如下:

① 植物种类较为丰富

调查区内野生维管束植物 40 科、163 属、501 种,维管束植物总科数、总属数和总种数分别占青海省维管束植物总科数、总属数和总种数 35.09％、25.79％、20.70％,在海拔 4 200 m 左右的青藏高原植物区系较为丰富。

② 区系地理成分较为复杂

调查区野生维管束植物 163 属包含 10 个分布区类型,植物属的分布区类型包含世界分布、热带分布、温带分布、中国特有分布 4 个大类。另外,本区系共有 10 种区系成分,各种地理成分相互渗透,也显示出该地区植物区系地理成分的复杂性。

③ 植物区系具显著温带性质

统计分析得出：温带属123属，占总属数的93.89％，属的分布类型以温带成分分布占绝对优势，说明本区具有明显的温带性质。

4.2.3.2.2　植被类型

（1）植被类型

根据《青海植被》（周兴民 等，1987），调查区属于青海东北和青南高原西部草原区→青南高原西部高寒草原亚区→青南高原西部高寒草原地带→花石峡-扎陵湖高寒草原地和青南高原寒温性针叶林、高寒灌丛、高寒草甸区→黄河-长江上游高寒草甸地带→黄河-长江上游高寒草甸地区。

经过现场实地调查，根据调查区内植被中群落组成的建群种与优势种的外貌，以及群落的环境生态与地理分布特征，按照《青海植被》将调查区自然植被划分为5个植被型组、6个植被型、15个群系，调查区主要植被类型及分布见表4-7。

表 4-7　调查区主要植被类型及分布

植被型组	植被型	群系中文名	群系拉丁名	分布
灌丛	高寒灌丛	山生柳灌丛	*Salix oritrepha*	星星海东侧山坡
	温性灌丛	匍匐水柏枝灌丛	*Myricaria prostrata*	湖边沙地、砾石质山坡
草原	高寒草原	紫花针茅草原	*Stipa purpurea*	调查区广泛分布
		青藏薹草草原	*Carex moorcroftii*	鄂陵湖与扎陵湖间
草甸	高寒草甸	线叶嵩草草原	*Kobresia capillifolia*	扎陵湖西南
		早熟禾草原化草甸	*Poa annua*	星星海、鄂陵湖等地均有分布
		垂穗披碱草草甸	*Elymus nutans*	调查区广泛分布
		藏北嵩草草甸	*Kobresia littledalei*	鄂陵湖、黄河等岸边湿地
		大籽蒿草甸	*Artemisia sieversiana*	零星分布于调查区河漫滩地
		高山野决明草甸	*Thermopsis alpina*	扎陵湖东南面河滩沙地
		沙生风毛菊草甸	*Saussurea arenaria*	星星海周边山坡、草甸、沙地分布
		矮生嵩草草甸	*Kobresia humilis*	湖泊附近湿润草地

表 4-7(续)

植被型组	植被型	群系中文名	群系拉丁名	分布
垫状植被	垫状植被	垫状点地梅垫状植被	*Androsace tapete*	坝址下游河谷阶地
沼泽和水生植被	沼泽植被	圆囊薹草沼泽	*Carex orbicularis*	湖边河漫滩地
		杉叶藻沼泽	*Hippuris vulgaris*	零星分布于高寒草甸植被中

主要植被类型分述如下：

① 高寒灌丛

高寒灌丛是指耐寒的中生或旱中生灌木为建群层片所形成的植物群落。调查区内高寒灌丛类型仅 1 种,为山生柳灌丛。

山生柳是我国特有种,是落叶直立矮小灌木,属高寒灌丛的优势种之一。在调查区分布于星星海东侧山坡,群落林冠整齐但稀疏,外貌呈枯黄色,结构组成较为简单。

灌木层盖度 48%,层均高 0.8 m,以山生柳为单一优势种,高度 0.5~1 m,盖度 48%,基本无伴生种;草本层盖度 14%,层均高 0.5 m,无明显优势种,常见种类有垂穗披碱草、密花黄芪、马尿泡、铁棒锤、早熟禾等。

样方地点:星星海东岸山坡(34°47′7.23″N、98°6′21.54″E,海拔 4 236 m)。

② 温性灌丛

温性灌丛是指由喜温的中生、旱中生或旱生灌木为建群层片所形成的植被类型,一般呈小面积块状分布于河谷两侧低山。调查区内温性灌丛类型仅 1 种,为匍匐水柏枝灌丛。

匍匐水柏枝生于高山河谷砂砾地、湖边沙地、砾石质山坡及冰川雪线下雪水融化后所形成的水沟边。调查区匍匐水柏枝灌丛分布较为广泛,多在鄂陵湖、扎陵湖、星星海等湖泊沙地,群落稀疏,外貌呈红色,结构组成较为简单。

灌木层盖度 45%,层均高 0.4 m,以匍匐水柏枝为优势种,高度 0.1~0.5 m,盖度 42%,伴生种较少,偶见有灌木亚菊;草本层盖度 18%,层均高 0.4 m,无明显优势种,常见种类有白花枝子花、独行菜、垫状点地梅、藏北嵩草等。

样方地点:扎陵湖与鄂陵湖间湿地(34°47′59.15″N、97°27′25.33″E,海拔 4 288 m)。

③ 高寒草原

高寒草原是指由寒冷旱生的多年生密丛禾草、根茎薹草以及小半灌木垫状植物为建群层片或优势层片,具有植株稀疏、盖度小、草丛低矮、层次结构简单、群落中出现适应高山严寒生境的垫状植物层片和高山植物种类,生长季节较短、生物产量偏低等特点。调查区内高寒草原类型有 2 种,分别为紫花针茅草原和青藏薹草草原。

a. 紫花针茅草原

紫花针茅草质较硬,但牲畜喜食,由于耐牧性强、产草量高,可收贮青干草,是草原或草甸草原地区优良牧草之一,是高寒草原的典型代表。调查区紫花针茅分布广泛,群落结构简单,种类组成比较贫乏,外貌呈枯黄色。

草本层盖度 60%,层均高 0.4 m,以紫花针茅为优势种,高度 0.4～0.6 m,盖度 42%,伴生有羊茅、镰形棘豆、青藏薹草、西伯利亚蓼等。

样方地点:湖口围堰附近(35°6′37.56″N、97°47′7.96″E,海拔 4 277 m)。

b. 青藏薹草草原

青藏薹草多分布在阶地低洼地,分布面积不大,调查区鄂陵湖与扎陵湖间零星分布,群落外貌为枯黄色,结构组成简单。

草本层盖度 40%,层均高 0.2 m,以青藏薹草为优势种,高度 0.1～0.2 m,盖度 38%,伴生有华扁穗草、西伯利亚蓼、大籽蒿、马尿泡等。

样方地点:扎陵湖与鄂陵湖间河段岸边(34°49′18.65″N、97°26′41.08″E,海拔 4 286 m)。

④ 高寒草甸

高寒草甸是指由低温(耐寒)的多年生中地面芽和地下芽草本植物为优势层片所形成的植物群落。高寒草甸是调查区最主要的植被类型,该类型有 8 种,分别为线叶嵩草草原、早熟禾草原化草甸、垂穗披碱草草甸、藏北嵩草草甸、大籽蒿草甸、高山野决明草甸、沙生风毛菊草甸和矮生嵩草草甸。

a. 线叶嵩草草原

线叶嵩草生于山坡灌丛草甸、林边草地或湿润草地。在调查区主要分布于扎陵湖西南,群落外貌呈枯黄色,群落结构及植物种类组成较简单。

草本层盖度 68%,层均高 0.3 m,以线叶嵩草为优势种,高度 0.2～0.45 m,盖度 46%,伴生有紫花针茅、喜马拉雅嵩草、甘肃棘豆、矮火绒草等。

样方地点:扎陵湖西南(34°52′30.84″N、97°4′28.50″E,海拔 4 382 m)。

b. 早熟禾草原化草甸

早熟禾草原化草甸主要分布于星星海、鄂陵湖等地,群落外貌呈枯黄色,群落结构及植物种类组成较简单。

草本层盖度 67%,层均高 0.6 m,以早熟禾为优势种,高度 0.5～1.0 m,盖度 48%,伴生有马尿泡、钻叶风毛菊、甘肃马先蒿、白花蒲公英、矮生嵩草等。

样方地点：扎陵湖西南（34°45′29.24″N、98°6′43.99″E，海拔 4 227 m）。

c. 垂穗披碱草草甸

垂穗披碱草属中亚、喜马拉雅区系，是在原生的嵩草草甸植被被破坏后发展起来的次生类型，在调查区分布广泛，群落外貌为枯黄色，结构组成简单。

草本层盖度 65％，层均高 0.5 m，以垂穗披碱草为优势种，高度 0.3～0.8 m，盖度 60％，伴生有密花黄芪、西伯利亚蓼、藏北嵩草、青藏嵩、冰草等。

样方地点：坝址附近（35°5′45.87″N、97°54′12.76″E，海拔 4 265 m）。

d. 藏北嵩草草甸

藏北嵩草多生于河漫滩地、山麓潜水溢出带和地下水位比较高的开阔滩地。调查区藏北嵩草草甸在鄂陵湖、黄河等岸边湿地有分布，群落外貌呈枯黄色，群落结构及植物种类组成较简单。

草本层盖度 52％，层均高 0.4 m，以藏北嵩草为优势种，高度 0.2～0.5 m，盖度 36％，伴生有海乳草、早熟禾、垫状点地梅、西伯利亚蓼、密花黄芪等。

样方地点：鄂陵湖北岸（35°2′30.02″N、98°1′18.77″E，海拔 4 263 m）。

e. 大籽蒿草甸

大籽蒿多生于路旁、荒地、河漫滩、草原、森林草原、干山坡或林缘等，局部地区成片生长，为植物群落的建群种或优势种。调查区大籽蒿草甸零星分布于河漫滩地，群落外貌呈枯黄色，群落结构及植物种类组成较简单。

草本层盖度 56％，层均高 0.5 m，以大籽蒿为优势种，高度 0.3～0.8 m，盖度 35％，伴生有高山野决明、矮火绒草、赖草、早熟禾、紫花针茅等。

样方地点：鄂陵湖西岸（35°3′29.15″N、97°41′50.07″E，海拔 4 332 m）。

f. 高山野决明草甸

高山野决明生于高山苔原、砾质荒漠、草原和河滩沙地。调查区高山野决明草甸分布在扎陵湖东南面河滩沙地等地，群落外貌呈灰绿色，群落结构及植物种类组成较简单。

草本层盖度 70％，层均高 0.35 m，以高山野决明为优势种，高度 0.2～0.5 m，盖度 42％，伴生有大籽蒿、垂穗披碱草、海乳草、白花枝子花等。

样方地点：扎陵湖南岸（34°49′16.77″N、97°16′50.45″E，海拔 4 322 m）。

g. 沙生风毛菊草甸

沙生风毛菊生于山坡、山顶及草甸或沙地、干河床。调查区沙生风毛菊草甸在星星海周边山坡、草甸及扎陵湖北面滩地分布，群落外貌呈枯黄色，群落结构及植物种类组成较简单。

草本层盖度 65％，层均高 0.3 m，以沙生风毛菊为优势种，高度 0.1～0.4

m,盖度60％,伴生有紫花针茅、多裂蒲公英、海乳草、青藏薹草等。

样方地点:星星海东侧岸边(34°51′31.75″N、98°7′49.17″E,海拔 4 265 m)。

h. 矮生嵩草草甸

矮生嵩草分布于排水良好的滩地、坡麓和山地半阴半阳坡,其下发育着高山草甸土,土壤比较疏松,草皮层发育比较弱。调查区矮生嵩草草甸分布于湖泊附近湿润草地,群落外貌呈枯黄色,群落结构及植物种类组成较简单。

草本层盖度40％,层均高0.2 m,以矮生嵩草为优势种,高度0.1～0.3 m,盖度38％,伴生有白花枝子花、海乳草、囊种草、大籽蒿等。

样方地点:扎陵湖与鄂陵湖间草地(34°49′35.73″N、97°25′22.74″E,海拔 4 287 m)。

⑤ 垫状植被

垫状植被是指由耐低温(耐寒)、耐旱的中旱生或旱生多年生地上芽的垫状半灌木、小半灌木和多年生草本植物为建群层片所构成的植物群落。调查区内垫状植被类型仅1种,为垫状点地梅垫状植被。

垫状点地梅生于砾石山坡、河谷阶地和平缓的山顶,在调查区分布于坝址下游河谷阶地。

草本层盖度30％,层均高0.4 m,以垫状点地梅为优势种,高度0.1～0.3 m,盖度20％,伴生有甘肃棘豆、高山早熟禾、藏野青茅、密花黄芪等。

样方地点:水电站下游河岸(35°4′59.52″N、97°55′37.37″E,海拔 4 262 m)。

⑥ 沼泽植被

沼泽植被由湿生和沼生植物所组成,主要分布在地表经常过湿或有薄层积水的河漫滩、热融湖塘等地段。调查区沼泽植被类型主要有2种,分别为圆囊薹草沼泽和杉叶藻沼泽。

a. 圆囊薹草沼泽

圆囊薹草生于河漫滩或湖边盐生草甸、沼泽草甸。调查区圆囊薹草沼泽分布于湖边河漫滩地,群落结构及植物种类组成较简单。

草本层盖度50％,层均高0.3 m,以圆囊薹草为优势种,高度0.2～0.5 m,盖度35％,伴生有藏北嵩草、珠芽蓼、多裂委陵菜、嵩草、羊茅等。

样方地点:星星海北侧黄河岸边(34°53′7.41″N、98°10′14.35″E,海拔4 221 m)。

b. 杉叶藻沼泽

杉叶藻为一种湿生植物,根状茎生于土内,在积水洼地植株下部淹没于水中,生长环境湿润。调查区杉叶藻沼泽零星分布于高寒草甸植被中,群落外貌呈暗绿色,群落结构及植物种类组成较简单。

草本层盖度 38%,层均高 0.2 m,以杉叶藻为优势种,高度 0.1~0.3 m,盖度 25%,伴生有穗状狐尾藻、箆齿眼子菜、云生毛茛等。

样方地点:星星海湿地(34°49′33.70″N、98°7′37.50″E,海拔 4 260 m)。

4.2.3.2.3　植被分布特征

调查区位于玛多县境内、果洛藏族自治州西北部,地处青海省南部,属高平原地区,平均海拔在 4 200 m 以上,地势自西北向东南倾斜,地形起伏不大,气候寒冷干燥,属高寒草原气候。区域位于黄河源头,水系发达,区内有扎陵湖、鄂陵湖、星星海等水系,其植被分布有高寒草原、高寒草甸、垫状植被和稀疏灌丛,其中以高寒草甸占优势。在分布上受局部环境与气候变化的影响,水平和垂直分布上具有自身特点。

垂直分布规律:随着山地海拔高度的变化,气温、太阳辐射、土壤类型等均有所差异,山体上下水热条件不同,反映到植被垂直分布规律上更为显著。调查区属青藏高原腹地,垂直分布较为简单,4 300 m 以下为高寒沼泽、高寒草甸;山地阳坡 4 300~4 500 m 和山地阴坡 4 300~4 600 m 为高寒草原,以紫花针茅草原为典型植被;4 500~4 600 m 为垫状植被,主要植被类型为垫状点地梅;再往上则为高山流石稀疏植被带和永久冰雪带。

水平分布规律:调查区受局部小地形的影响,山地阳坡多为高寒草原和草原化草甸;常见植被有紫花针茅草原、青藏薹草草原、垂穗披碱草草甸等;阴坡多为高寒草甸,常见植被有矮生嵩草草甸、藏北嵩草草甸等;河谷低湿滩地为高寒沼泽,常见植被类型有圆囊薹草沼泽、杉叶藻沼泽等。西部和南部比较湿润,发育着高寒草甸;而北部和东部比较干旱,主体是高寒草原和草原化草甸。

4.2.3.2.4　重点保护野生植物

（1）国家重点保护野生植物

根据《国家重点保护野生植物名录(第一批)》(国家林业局、农业部令第 4号),参考《青海省珍稀濒危保护植物的区系地理特征及保护现状研究》(马莉贞,2011)、《青海省珍稀濒危保护植物的地理分布特征》(马莉贞,2012)、《三江源生物多样性:三江源自然保护区科学考察报告》(李迪强 等,2002)、《青海植被》(周兴民 等,1987)、《青海植物名录》(青海省农业资源区划办公室 等,1998)等资料,调查区无国家一级保护野生植物,可能分布的国家二级保护野生植物有 3 种,分别为山莨菪、红花绿绒蒿和羽叶点地梅。

（2）青海省重点保护野生植物

根据《青海省重点保护野生植物名录（第一批）》，参考《青海省珍稀濒危保护植物的区系地理特征及保护现状研究》（马莉贞，2011）、《三江源生物多样性：三江源自然保护区科学考察报告》（李迪强 等，2002）、《青海植物名录》（青海省农业资源区划办公室 等，1998）等资料，调查区可能分布的青海省重点野生保护植物有黑蕊虎耳草、达乌里秦艽、梭罗草等。

4.2.4 陆生动物现状与评价

4.2.4.1 建设前陆生动物现状

根据青海省水文水资源勘测局1997年6月编制的《玛多县黄河源水电站工程环境影响评价报告》，玛多县境内主要分布的兽类有20种、鸟类44种。

兽类主要有狼、岩羊、高原兔、高原鼠兔、赤狐、白唇鹿、藏原羚、藏羚羊、藏野驴、野牦牛、棕熊、林麝、藏狐、兔狲、喜马拉雅旱獭、高原鼢鼠等。其中，藏原羚、藏野驴、岩羊、白唇鹿、高原鼠兔、高原兔、喜马拉雅旱獭、高原鼢鼠、赤狐、藏狐、兔狲、狼等比较常见；林麝、盘羊、棕熊、雪豹、猞猁等许多珍稀、濒危物种种群数量稀少，野外很难发现其踪迹。

鸟类主要有玉带海雕、胡兀鹫、红隼、猎隼、普通鸬鹚、斑头雁、赤麻鸭、渔鸥、棕头鸥、普通燕鸥、黑颈鹤、金斑鸻、蒙古沙鸻、红脚鹬、矶鹬、鹮嘴鹬、岩鸽、戴胜、长嘴百灵、短趾百灵、细嘴短趾百灵、角百灵、崖沙燕、岩燕、白鹡鸰、褐背拟地鸦、鸲岩鹨、赭红尾鸲、红腹红尾鸲、棕腹柳莺、红翅旋壁雀、树麻雀、白腰雪雀、棕颈雪雀、棕背雪雀、朱雀、藏雀、白喉石䳭等。

4.2.4.2 运行期陆生动物现状

对调查区实地调查过程中，选择典型生境进行考察分析，采用样线法、访问法对陆生动物进行调查。在实地调查访问的基础上，查阅并参考《中国动物志：两栖纲（中卷）无尾目》（费梁，2009）、《中国两栖纲和爬行纲动物校正名录》（赵尔宓 等，2000）、《中国鸟类分类与分布名录》（郑光美，2011）、《中国兽类野外手册》（史密斯 等，2009）、《中国哺乳动物种和亚种分类名录与分布大全》（王应祥，2003）等以及关于本区域脊椎动物类的相关文献资料如《三江源国家级自然保护区科学考察报告》《三江源国家公园野生动物本底调查报告》《三江源国家级自然保护区扎陵湖-鄂陵湖分区2015年鸟类监测报告》等，对调查区的动物资源现状得出综合结论。

为表示各类动物种类数量的丰富度，采用数量等级方法：对某动物种群在单位面积内其数量占所调查动物总数的10％以上，用"＋＋＋"表示，该种群为当地优势种;对某动物种群占调查总数的 1% ~ 10%,用"++"表示,该动物种为当地普通种;对某动物种群占调查总数的 1% 以下或仅 1%,用"+"表示,该物种为当地稀有种。数量等级评价标准见表 4-8。

表 4-8　动物资源数量等级评价标准

种群状况	表示符号	标准
当地优势种	+++	单位面积内其数量占所调查动物总数的 10% 以上
当地普通种	++	单位面积内其数量占所调查动物总数的 1% ~ 10%
当地稀有种	+	单位面积内其数量占所调查动物总数的 1% 以下或仅 1%

根据实地考察及对相关资料进行综合分析,目前调查区分布的主要陆生脊椎动物种类组成、区系和保护级别见表 4-9。

表 4-9　调查区陆生脊椎动物种类组成、区系和保护级别

种类组成				动物区系			保护级别		
纲	目	科	种	东洋种	古北种	广布种	国家一级	国家二级	青海省级
爬行纲	1	1	1	0	1	0	0	0	0
鸟纲	11	26	72	4	51	17	3	6	14
哺乳纲	5	8	15	0	14	1	1	3	3
合计	17	35	88	4	66	18	4	9	17

4.2.4.2.1　重点调查区动物地理区划

黄河源水电站坝址位于玛多县境内鄂陵湖口下游 17 km 处的黄河干流上,距玛多县城 40 km,距省会西宁 540 km。根据《中国动物地理》(张荣祖,1999),本项目动物地理区划位于古北界、青藏区、羌塘高原亚区,动物群属高原湖盆山地省、高地草原及草甸动物群。

4.2.4.2.2　重点调查区动物多样性

(1) 爬行类

① 种类、数量及分布

重点调查区内爬行动物有 1 目、1 科、1 种,为蜥蜴目鬣蜥科的青海沙蜥,不属于国家重点保护物种,也不属于青海省重点保护物种,现场调查未调查到青海沙蜥个体,主要是通过《三江源国家公园野生动物本底调查》(2017 年 12 月)、《扎陵湖-鄂陵湖自然保护分区湿地生物群落结构调查》(青海师范大学生

命与地理科学学院,2015 年)确定调查区有分布。

② 生态类型

青海沙蜥常栖息于青藏高原干旱沙带及镶嵌在草甸草原之间的沙地和丘状高地,根据其生活习性,可将其归类为陆栖型爬行类。

③ 区系类型

按区系类型分,青海沙蜥属于古北种。

(2) 鸟类

① 种类、数量及分布

调查区内共分布有鸟类 11 目、26 科、72 种,其中目击到的有 19 种,目击到的鸟类占重点调查区鸟类总数的 26.39%。调查区分布国家一级保护鸟类 3 种,分别为玉带海雕、胡兀鹫和黑颈鹤;国家二级保护鸟类 6 种,即高山兀鹫、大鵟、鹗、猎隼、纵纹腹小鸮和灰鹤,其中胡兀鹫、高山兀鹫、大鵟、黑颈鹤、灰鹤为目击种类。青海省重点保护鸟类有 14 种,分别为普通鸬鹚、苍鹭、灰雁、斑头雁、赤麻鸭、斑嘴鸭、棕头鸥、渔鸥、戴胜、凤头百灵、角百灵、长嘴百灵、细嘴短趾百灵、云雀,现场目击普通鸬鹚、灰雁、斑头雁、赤麻鸭、棕头鸥、渔鸥等。

根据现场调查,调查区的水鸟主要是分布在鄂陵湖、扎陵湖、星星海等湿地,栖息地一般为湿地沼泽或湖泊边,区域最为常见的水鸟是赤麻鸭和斑头雁,其次是普通鸬鹚、渔鸥等;猛禽在整个调查区分布广泛,最为常见的为大鵟,其次是猎隼、高山兀鹫等,鹗的数量较少,分布范围较小,仅在扎陵湖附近有分布;其他鸟类多为灌丛生境物种。本次调查常见的是棕颈雪雀、白腰雪雀等。根据资料及访问调查,重点调查区常见鸟类还有普通燕鸥、角百灵、褐背拟地鸦等。

② 生态类型

按生活习性的不同,可以将调查区内 72 种鸟类分为以下 6 类:

a. 游禽(脚向后伸,趾间有蹼,有扁阔的或尖嘴,善于游泳、潜水和在水中捞取食物)。调查区分布有黑颈鹏鹏、凤头鹏鹏、普通鸬鹚、灰雁、斑头雁、赤麻鸭、赤颈鸭、赤膀鸭、绿翅鸭、绿头鸭、斑嘴鸭、针尾鸭、琵嘴鸭、赤嘴潜鸭、红头潜鸭、凤头潜鸭、鹊鸭、斑头秋沙鸭、普通秋沙鸭、渔鸥、棕头鸥、银鸥、普通燕鸥等 23 种,在调查区内主要分布于鄂陵湖、扎陵湖、星星海等沼泽湿地及湖泊。

b. 涉禽(嘴、颈和脚都比较长,脚趾也很长,适于涉水行进,不会游泳,常用长嘴插入水底或地面取食)。调查区分布有苍鹭、大白鹭、牛背鹭、黑颈鹤、灰鹤、白骨顶、金斑鸻、环颈鸻、蒙古沙鸻、黑尾塍鹬、中杓鹬、白腰草鹬、鹤鹬、红脚鹬、林鹬、矶鹬、小滨鹬、青脚滨鹬、弯嘴滨鹬有 19 种,现场目击牛背鹭、黑颈鹤、灰鹤,主要分布在鄂陵湖、扎陵湖、星星海等沼泽湿地及黄河干支流的滩涂、草地、沼泽地等处。

c. 陆禽(体格结实,嘴坚硬,脚强而有力,适于挖土,多在地面活动觅食)。调查区分布有岩鸽 1 种,岩鸽广泛分布于各村庄附近陆域及山地。

d. 猛禽(具有弯曲如钩的锐利嘴和爪,翅膀强大有力,能在天空翱翔或滑翔,捕食空中或地下活的猎物)。调查区中分布有玉带海雕、胡兀鹫、高山兀鹫、大鵟、鹗、猎隼、纵纹腹小鸮等 7 种,现场目击有胡兀鹫、高山兀鹫、大鵟。分布数量多且广泛的是大鵟和猎隼;玉带海雕和鹗主要分布在鄂陵湖、扎陵湖、星星海的湖区及周边;胡兀鹫喜栖息于开阔地区,在调查区分布广泛,现场在悬崖拍摄到其巢穴 1 处;大鵟、猎隼和纵纹腹小鸮在调查区广泛分布。

e. 攀禽(嘴、脚和尾的构造都很特殊,善于在树上攀缘)。调查区分布戴胜 1 种,戴胜在山地、村庄、农田等均有分布,此为资料及访问调查结果。

f. 鸣禽(鸣管和鸣肌特别发达,一般体形较小,体态轻捷,活泼灵巧,善于鸣叫和歌唱,且巧于筑巢)。重点调查区分布的 21 种雀形目鸟类均属于鸣禽,它们在调查区内广泛分布,主要生境为高寒灌丛、高寒草原草甸等,常见角百灵、褐背拟地鸦、白腰雪雀、棕颈雪雀等。

③ 区系类型

调查区分布的 72 种鸟类中,东洋种有 4 种,占 5.56%;广布种有 17 种,占 23.61%;古北种有 51 种,占 70.83%。重点调查区位于古北界青藏区、羌塘高原亚区,古北界种类占据绝对优势,但也分布有少量东洋界物种,如牛背鹭、斑嘴鸭、胡兀鹫、棕腹柳莺等。

④ 居留型

鸟类迁徙是鸟类随着季节变化进行的、方向确定的、有规律的和长距离的迁居活动。根据鸟类迁徙的行为,可将重点调查区的鸟类分成以下 4 种居留型:

a. 留鸟(长期栖居在繁殖地域,不做周期性迁徙的鸟类)。共 21 种,占调查区所有鸟类的 29.17%,主要包括为隼形目、鸽形目与雀形目中的一些种类,如玉带海雕、胡兀鹫、高山兀鹫、大鵟、鹗、猎隼、岩鸽、角百灵、凤头百灵等。

b. 夏候鸟(指春季或夏季在某个地区繁殖,秋季飞到较暖的地区去过冬,第二年春季再飞回原地区的鸟)。共 26 种,占调查区所有鸟类的 36.11%,主要包括鸊鷉目、鹈形目、雁形目、鹤形目的一些种类,如普通鸬鹚、灰雁、斑头雁、赤麻鸭、斑嘴鸭等。

c.冬候鸟(冬季在某个地区生活,春季飞到较远且较冷的地区繁殖,秋季又飞回原地区的鸟)。调查区发现冬候鸟 4 种,主要有凤头潜鸭、班头秋沙鸭、普通秋沙鸭、云雀。

d.旅鸟(指迁徙中途经某地区,而又不在该地区繁殖或越冬)。调查区发现旅鸟 21 种,主要有大白鹭、牛背鹭、赤颈鸭、赤膀鸭、赤嘴潜鸭、琵嘴鸭、中杓鹬、白腰草鹬、矶鹬等。

综上所述,调查区的鸟类中,繁殖鸟(包括留鸟和夏候鸟,47 种)占的比例最大,占重点调查区鸟类种数的 65.28%,可见调查区大多数鸟类都在调查区繁殖。

(3)哺乳类

① 种类、数量及分布

调查区内哺乳类共有 5 目、8 科、15 种。以食肉目种类最多,共有 5 种,占 33.33%;其次为啮齿目与偶蹄目种类,各 3 种,各占 20.00%。调查区分布有国家一级保护哺乳类 1 种,为藏野驴;国家二级保护哺乳类 3 种,为藏原羚、岩羊、盘羊。青海省重点保护哺乳类 3 种,分别为沙狐、赤狐、香鼬。本次现场调查记录藏狐、藏野驴、藏原羚、岩羊、黑唇鼠兔、喜马拉雅旱獭等,其他种内为访问及资料查阅所得,其中《三江源国家公园野生动物本底调查》明确扎陵湖和鄂陵湖分布有赤狐、藏狐、香鼬、狼等。

② 生态类型

根据重点调查区兽类生活习性的不同,可以将上述种类分为以下两种生态类型:

a.半地下生活型(穴居型,主要在地面活动觅食、栖息、避敌于洞穴中,有的也在地下寻找食物)。调查区分布有黑唇鼠兔、喜马拉雅旱獭、香鼬、狗獾、高原兔、根田鼠、高原鼢鼠等 7 种。

b.地面生活型(主要在地面上活动、觅食)。调查区分布有狼、沙狐、赤狐、藏狐、藏野驴、藏原羚、岩羊、盘羊等 8 种。

③ 区系类型

项目区地处古北界青藏区、羌塘高原亚区,由于地理条件的区域风化,造成一定的地理隔离,一些东洋界种类极难通过地理屏障进入本项目所在区域,因此区域内古北种应占绝对优势。根据现场调查、访问及资料查阅结果,调查区分布的 15 种哺乳类中有 14 种为古北型种类,仅香鼬为广布种。

4.2.4.2.3 国家重点保护野生动物

(1)种类、数量及分布

　　根据现场调查结果,重点调查区分布有国家一级保护野生动物 4 种,其中鸟类 3 种,分别为玉带海雕、胡兀鹫和黑颈鹤,兽类 1 种,为藏野驴;国家二级保护野生动物 9 种,其中鸟类 6 种,分别为高山兀鹫、大鵟、鹗、猎隼、纵纹腹小鸮和灰鹤,兽类 3 种,分别为藏原羚、岩羊、盘羊。青海省级重点保护野生动物 17 种,鸟类有 14 种,分别为普通鸬鹚、苍鹭、灰雁、斑头雁、赤麻鸭、斑嘴鸭、棕头鸥、渔鸥、戴胜、凤头百灵、角百灵、长嘴百灵、细嘴短趾百灵、云雀,兽类 3 种,分别为沙狐、赤狐、香鼬。其种类、数量与分布详见表 4-10。

表 4-10　调查区重点保护物种一览表

名称	生境	区系	分布型	居留型	保护级别	分布
藏野驴	栖息于海拔 3 600～4 800 m 的高原	古	Pa	/	一级	调查区广泛分布,分布范围与藏原羚较为一致
黑颈鹤	栖息于海拔 2 500～5 000 m 的高原沼泽地、湖泊及河滩地带	古	Pc	夏	一级	扎陵湖、鄂陵湖两湖连通处的沼泽地
玉带海雕	栖息于内陆湖泊、沼泽、高原及贫瘠地区河流	古	Db	留	一级	扎陵湖、鄂陵湖、星星海的湖区及周围沼泽
胡兀鹫	栖息于海拔 500～4 000 m 山地裸岩地区	东	Wb	留	一级	鄂陵湖、扎陵湖两湖连通处的山坡
藏原羚	栖息于各种类型的草原	古	Pa	/	二级	调查区广泛分布,分布范围与藏野驴较为一致
岩羊	栖息于高原地区的裸岩和山谷间的草地	古	Pa	/	二级	鄂陵湖、扎陵湖两湖连通处的山坡
盘羊	喜在半开阔的高山裸岩带及起伏的山间丘陵生活	古	Pa	/	二级	鄂陵湖、扎陵湖两湖连通处的山坡
灰鹤	栖息于开阔平原、草地、沼泽、河滩、旷野、湖泊以及农田地带	古	Ub	旅	二级	扎陵湖、鄂陵湖两湖连通处的沼泽地

表 4-10(续)

名称	生境	区系	分布型	居留型	保护级别	分布
鹗	栖息于湖泊、河流、海岸等地,尤其喜欢在山地森林中的河谷或有树木的水域地带,冬季也常到开阔无林地区的河流、水库、水塘地区活动	广	Cd	留	二级	主要分布在扎陵湖附近
高山兀鹫	栖息于海拔 2 500~4 500 m 的高山、草原及河谷地区	广	O₃	留	二级	鄂陵湖、扎陵湖两湖连通处的山坡
大䴓	栖息于山地、山脚平原和草原等地区,也出现在高山林缘和开阔的山地草原与荒漠地带	古	Df	留	二级	调查区广泛分布
猎隼	栖息于海拔 600~2 200 m 的开阔田坝区至低山丘陵的稀树草地和林缘地带	古	Ca	夏	二级	调查区广泛分布
纵纹腹小鸮	栖息于低山丘陵、林缘灌丛和平原森林地带,也出现在农田、荒漠和村庄附近丛林	古	Uf	留	二级	鄂陵湖、扎陵湖两湖连通处的山坡
普通鸬鹚	栖息于河川、湖沼及海滨,善潜水捕鱼	广	O₅	夏	省级	扎陵湖、鄂陵湖、星星海的湖区
苍鹭	栖息于江河、溪流、湖泊、水塘、海岸等水域岸边及其浅水处	广	Uh	夏	省级	星星海的湖区
灰雁	常栖息于水生植物丛生的水边或沼泽地,也见于河口、海滩	古	Uc	夏	省级	扎陵湖、鄂陵湖、星星海的湖区
斑头雁	沼泽及高原泥淖	古	P	夏	省级	扎陵湖、鄂陵湖、星星海的湖区及黄河干流
赤麻鸭	栖息于开阔草原、湖泊、农田等环境中	古	Uf	夏	省级	扎陵湖、鄂陵湖、星星海的湖区
斑嘴鸭	栖息于江河、湖泊、沙洲和沼泽地带	东	We	夏	省级	扎陵湖、鄂陵湖、星星海的湖区

表 4-10(续)

名称	生境	区系	分布型	居留型	保护级别	分布
渔鸥	栖息于三角洲沙滩、内地海域及干旱平原湖泊,常在水上休息;常见于大型湖泊	古	D	夏	省级	扎陵湖、鄂陵湖、星星海的湖区
棕头鸥	繁殖期间栖息于海拔 2 000~3 500 m 的高山和高原湖泊、水塘、河流和沼泽地带	古	Pa	夏	省级	扎陵湖、鄂陵湖、星星海的湖区
戴胜	栖息于开阔的园地和郊野间的树木上	广	O	夏	省级	鄂陵湖、扎陵湖两湖连通处的山坡
凤头百灵	栖息于干燥平原、半荒漠及农耕地	广	O₁	留	省级	调查区广泛分布
角百灵	栖息于低山丘陵、林缘灌丛和平原森林地带,也出现在农田、荒漠和村庄附近丛林	古	C	留	省级	调查区广泛分布
长嘴百灵	栖息于海拔 4 000~4 600 m 的湖泊周围的草丛	古	Pa	留	省级	调查区广泛分布
细嘴短趾百灵	栖息于多裸露岩石的高山两侧及多草的干旱平原	古	Pf	留	省级	调查区广泛分布
云雀	栖息于草地、干旱平原、泥淖及沼泽	古	Ue	冬	省级	调查区广泛分布
沙狐	栖息于干旱草原、荒漠和半荒漠地带	古	Dk	/	省级	数量较少,主要分布在湖区广阔的草原上
赤狐	各种类型的草原	古	Ch	/	省级	主要分布在湖区广阔的草原上
香鼬	栖息于森林、森林草原、高山灌丛及草甸	广	O	/	省级	鄂陵湖、扎陵湖两湖连通处的山坡及周围草地

（2）种类介绍

① 国家一级保护动物

调查区分布 4 种国家一级保护动物，分别为藏野驴、黑颈鹤、玉带海雕和胡兀鹫。

a. 藏野驴（图 4-5）

图 4-5　藏野驴

保护级别：国家一级保护兽类；国际近危物种，列入 CITES 附录Ⅰ。

鉴别特征：体型酷似驴、马杂交的骡。藏野驴头宽而短，吻圆钝，耳壳长。颈部鬃毛短而直，尾部长毛生于尾后半段或距尾端 1/3 段。四肢粗短，前肢内侧均有椭圆形胼胝体，俗称"夜眼"，蹄较窄而高。吻部呈乳白色，眼睛褐色，耳内侧密毛呈白色。体背呈棕色或暗棕色（夏毛略带黑色），两肋毛色较深暗，呈深棕色。自肩部颈鬃的后端沿背脊至尾部，具明显较窄的棕褐色或黑褐色脊纹。肩胛部两外侧各有一条明显的褐色条纹。肩后侧面具典型的白色楔形斑，此斑的前腹角呈弧形。腹部及四肢内侧呈白色，腹部的淡色区域明显向体侧扩展。四肢外侧呈淡棕色。臀部的白色与周围的体色相互混合而无明显的界限。成体夏毛较深，冬毛较淡。幼体毛色较浅，呈沙土黄色，绒毛很长，第二年夏天换毛后毛色似成体。头骨与野马头骨酷似。

生态习性:藏野驴为高原动物,栖居于海拔 3 600～4 800 m 的高原上,有时可达 5 400 m 高度,营群居生活。春夏季节栖居于戈壁水草丰美地区,生境以沙漠植物为主,不怕寒冷、日晒、风雪。多半由 5、6 只组成的小群,有时可达 15 只甚至更多。春夏季节很少有 15 只以上的大群。由一匹雄驴率领,营游移生活,清晨从沙漠或丘陵地区来到水源处饮水。白天大部分时间集合在水源附近的草场上休息和觅食,傍晚回到荒漠深处。藏野驴行走方式是鱼贯而行,很少紊乱,雄驴领先,幼驴在中间,雌驴在最后。藏野驴走过的道路多半踏成一条明显的兽径,在其经过的地方有大堆的粪便,因此很容易辨认出其活动路线。从宿地到水源草场,藏野驴每天要奔跑 20 多千米的路程,有很大的迁移性。能游水,喜在溪流中洗浴。有时常与藏原羚、盘羊栖息一处。以高山植物为食,可以数日不饮。繁殖时期,争偶斗争很激烈,互相撕咬,身上经常留下明显的伤痕。藏野驴的交配期在 7—8 月,怀孕期为 350 天左右,多产仔于6—7 月,每胎一仔。4 岁性成熟。藏野驴 5 月中旬开始换毛,至 8 月中旬完全换成新毛,并开始肥壮起来,游移范围逐渐扩大,秋末逐渐聚集为大群生活。藏野驴视觉、听觉、嗅觉均很敏锐,尤其视、听觉更为发达。奔跑能力强,时速可达 45 km。藏野驴的叫声短促、嘶哑、远不及家驴洪亮,但能从鼻孔发出与家驴同样的喷鼻声。青海的祁连、天峻、乌兰、都兰、格尔木、兴海、治多、杂多、玉树、称多、曲麻莱、玛多、玛沁、久治、达日、大柴旦等均有分布。

现场调查时在黄河源水电站坝下黄河岸边的草地目击 4 只藏野驴组成的小群体,并与藏原羚一起;在鄂陵湖中部目击藏野驴群(14 只)。整个调查过程中,多处发现藏野驴,为该地区的广布种。

b. 黑颈鹤(图 4-6)

保护级别:国家一级保护鸟类;国际易危物种,列入 CITES 附录Ⅰ。

鉴别特征:150 cm 左右,体型高大、偏灰间黑色的鹤。头、喉及颈部黑色,仅有一白色块斑从眼下延伸至眼后,裸露的头顶呈红色,尾、初级飞羽及三级飞羽呈黑色。三级飞羽浓密延长,两翼合拢后隆起似公鸡尾羽。幼鸟头部和颈前部偏灰,面部色更浅。虹膜黄色;喙角质灰色、绿色,近嘴端处多些黄色;脚黑色。

生态习性:在高原湿地繁殖,常至湿地周围的草地觅食;繁殖期成对或者小群活动。飞行如其他鹤,颈伸直,呈 V 形编队,有时成对或以家族群为单位飞行。

本次现场调查过程中,在扎陵湖、鄂陵湖两湖连通处的沼泽地带发现黑颈鹤 2 只。

图 4-6　黑颈鹤

c. 玉带海雕（图 4-7）

图 4-7　玉带海雕

　　保护级别:国家一级保护鸟类;国际濒危物种,列入 CITES 附录Ⅱ。

　　鉴别特征:76～88 cm,大型的深色雕,头部和颈部具土黄色的披针状羽毛。体羽黑褐色,下体棕褐色,尾羽中间有一道宽阔的白色横带斑。与其他海雕相比,头细长,颈也较长,喙也较细。虹膜黄色,喙铅灰色,脚黄色。

　　生态习性:栖息于高海拔的河谷、山岳、草原的开阔地带,海拔下限 3 200 m,海拔上限 4 700 m。常到荒漠、草原、高山湖泊及河流附近寻捕猎物,在湖泊岸边吃淡水鱼和雁鸭等水禽,在草原及荒漠地带以旱獭、黄鼠、鼠兔等啮齿动物为主要食物。

　　本次现场调查未发现玉带海雕个体。2015 年 5 月,保护区管理局、北京林业大学自然保护区学院在进行三江源国家级自然保护区扎陵湖-鄂陵湖保护分区 2015 年鸟类监测时发现玉带海雕 1 只。

　　d. 胡兀鹫(图 4-8)

图 4-8　胡兀鹫

　　保护级别:国家一级保护鸟类;国际近危物种,列入 CITES 附录Ⅱ。

　　鉴别特征:105～133 cm。上体黑而有银灰色光泽,额及头顶覆以淡灰褐色绒状羽。下体淡棕色,尾羽银灰色而沾黑,嘴角下生有一小簇黑黝黝的刚毛,明显的帚状尾羽甚长。虹膜黄色,嘴灰色,脚灰色。

生态习性:喜栖息于开阔地区,如草原、冻原、高地和石楠荒地等处,也喜欢落脚于海边和内陆的岩石或悬崖之中。巢筑在海拔 4 000 m 以上峭壁上的缝隙、岩洞等凹处,呈盘状,巢内垫有枯草、细枝、棉花、废物碎片等。主要以大型动物尸体为食,特别喜欢新鲜尸体和骨头,也吃陈腐了的尸体,有时也猎取水禽及受伤的雉类、鹑类、野兔等小型动物。

本次现场调查未发现胡兀鹫个体。但保护区管理局在执法过程中,曾在鄂陵湖、扎陵湖两湖连通处的山坡上拍摄到胡兀鹫 1 只。

② 国家二级保护动物

鸟类 6 种,分别为高山兀鹫、大鵟、鹗、猎隼、纵纹腹小鸮、灰鹤;兽类 3 种,分别为藏原羚、岩羊、盘羊。

a. 藏原羚(图 4-9)

图 4-9　藏原羚

保护级别:国家二级保护兽类;国际近危物种,列入 CITES 附录Ⅰ。

鉴别特征:个体大小似家山羊,最大体重不超过 20 kg,四肢细、蹄子狭窄。通体灰褐色,脸颊灰白色,臀部纯白色,尾黑色。雄性有一对后弯的细角,雌性无角。藏原羚个体较小,体长不超过 1 m,体型矫健,四肢纤细,行动轻捷,吻部短宽,前额高凸,眼大而圆,毛形直而稍粗硬,特别是臀部的后腿两侧被毛,硬直而富弹性,四肢下部被毛短而致密,紧贴皮肤。吻端亦披毛。头额、四肢下部毛色较淡,呈乳灰白色。吻部、颈、体背、体侧和腿外侧灰褐色,臀部白色,尾背黑色,尾下及两侧白色,胸、腹部、腿之内侧乳白色。颅全长在 160～185 mm 之间。眼眶发达,呈管状,泪骨狭长,前缘几乎呈方形,后缘凹而形成眼眶的前缘,上缘边缘凸起,但不与鼻骨相连。鼻骨后段两侧较平直,末端略尖。

生态习性:典型的高原动物,栖息于各种类型的草原上,活动上限可达海拔 5 100 m。据观察,藏原羚无固定栖息地,在平缓的山坡、平地以及起伏的丘陵等均可见到其分布。一般多小群生活,数量不等,数只或数十只羊群较为常见。但在夏季,也遇到有单只活动的藏原羚。而冬季往往结成数十只以上甚至数百只的大群一起游荡。雌雄、成幼终年一起生活。机警性好,行动敏捷,视、听觉灵敏。遇异常情况,总先抬头凝视,有时伴随发出"喔、喔"的警戒声,发觉危险时,迅速奔驰逃跑。交配季节开始于冬末春初,每年繁殖一次。交尾期间,雄体之间无激烈的殴斗,只在群内互相驱赶,虽个别的雄体有时被逐出群外,但交尾期一过,又合群生活。据在唐古拉地区一带的观察,藏原羚的产羔季节集中于 7 月下旬至 8 月中旬间。初生幼羔体色与成体相同,但头额处常有一白斑。产下不久的幼羔即能跟随母体活动,数天后就能疾驰奔跑,产羔期间母羊无选择特殊环境的习性。藏原羚主要以各种草类为食,清晨、傍晚为主要的取食时间,同时亦经常到湖边、山溪饮水。在食物条件较差的冬春季节,白天的大部分时间也在取食。狼、猞猁是藏原羚的主要天敌。藏原羚分布相当广泛,省内除东部农业区及柴达木盆地以外,几乎都有分布。

本次现场调查时在黄河源水电站坝下黄河岸边的草地目击 3 只藏原羚组成的小群体,并与藏野驴一起。

b. 岩羊(图 4-10)

保护级别:国家二级保护兽类;国际无危物种,列入 CITES 附录Ⅲ。

鉴别特征:体型大,成年雄性肩高 80 cm,体重 40 kg。头狭长,耳小。无眶下腺,但该部位的毛较稀疏而近乎暴露。足腺不发达,或者仅有幼小个体有。乳头一对。角相当粗大,但并不很长。角基部之横切面呈圆形或略呈三角形,向外分开而不往高生长,角尖略微偏向上方。角的弯度不大,最长约为46～55 cm,角间距约 56～63 cm。雌兽角较雄兽小得多,长约 18 cm。角的表面甚微光滑,唯其近尖端部的内侧有极微小的棱,但不形成环棱。冬季其吻部及脸部毛色灰白与黑色相混。躯体上面棕黄,而有些毛色的毛尖染黑色。上下唇、耳内侧、颌及脸侧均呈灰白色。脸部毛带黑色毛尖,喉部及胸黑褐色,随

图 4-10　岩羊

着年龄的增长,胸部的黑褐色逐渐加深。黑褐色向下并延伸至前肢前面,转为一明显黑纹,直达蹄部。腹部与四肢的内侧均呈白色。由腋下起,沿体侧至腰部,亦有黑纹,一直通到后肢的前面而止于蹄部。臀部后面及尾基部均为白色。尾之近基部颜色与背部相似,近末端 2/3 段为黑色。雌兽脸部、喉部及腰部均无黑色。幼兽的毛灰色成分较大,有的呈灰黄色。头骨的眼眶延伸向侧面,泪骨几乎在脸部的上面,其表面无明显凹窝,颅基轴与脸面部形成相当大的角度。前颌骨细长而尖,其上端与鼻骨相连接。鼻骨后端粗大,前端趋于削尖,而前后不呈等宽状。

生态习性:栖息于高原地区的裸岩和山谷间的草地上,体色与岩石极难分辨,善攀登山岭,行动敏捷,喜在乱岩上跳跃。受惊后,由雄羊先环视四周,辨明危险方位后,带领羊群朝安全方向逃窜,绝不四分五裂。一般都往岩石上面跑,最终消失在乱石间,3～5 天内这群羊不会再来。冬季生活在海拔 3 600 m以上,夏季受家畜和人群生产活动的影响,常栖息于 3 900～5 000 m 的高山裸岩上。黄昏到草地上吃草,整夜都在那里活动和休息,休息时不断地反刍,天亮以后再回到裸岩上面去。喜群居,很少独栖,常数十只为一群,大小羊在一起。食物以青草与灌木枝叶为主。每年 10—11 月为发情交配期,次年 5—6 月间产仔,通常每胎 1 仔,偶尔 2 仔。广泛分布于海北、海西、海南、黄南、玉树、果洛等州和互助、循化等县。

本次现场调查未发现岩羊,但保护区管理局在执法过程中曾在鄂陵湖、扎陵湖两湖连通处的山坡上拍摄到一群岩羊(7 只)。

c. 盘羊

保护级别:国家二级保护兽类;国际近危物种,列入 CITES 附录 I。

鉴别特征:个体大小似毛驴,通体灰白或灰褐色。雄羊长有一对特别粗壮而呈螺旋形弯曲的大角,角似镰刀。盘羊是一种体型大的羊类,四肢稍短。尾极短小,不明显。雄羊体长可达 1 890 mm,雌羊体长达 1 589 mm。通体毛被粗硬而短,唯颈部披毛较长。有眶下腺及蹄腺。乳头一对。雌雄皆有角。雄羊角自头顶长出后,两角略微向外侧后上方延伸,随即再向下方及前方转弯,角尖最后又微微往外上方卷曲,故形成明显螺旋状角形,角基一段特别粗大,至角尖段则呈刀片状。雌羊角形简单,角也短细,角长不超过 500 mm,角形呈镰刀状。一般体色为褐色或污灰色。脸面、肩胛、前背呈浅灰棕色。耳内白色,喉部浅黄色。胸、腹部、四肢内侧和下部及臀部均呈污白色。前肢前面毛色深暗于其他各处,尾背色调与体背相同。通常雌羊毛色比雄羊的深暗,头骨显短,整个轮廓前窄后宽,背面看颇似三角形。雄羊一对巨角与头骨显得很不相称,鼻骨也短,前端尖细,后部钝圆,眼眶突出,封闭完整,泪窝大而深凹。

生态习性:盘羊喜在半开阔的高山裸岩带及起伏的山间丘陵生活,分布在海拔 3 500～5 500 m 左右。有标本采自海拔 4 700 m 的昆仑山西部北坡地区,那里气候干燥,植被盖度差,主要的建群种类有芨芨草、野葱、苔草和多种针茅等。山坡多砾石,整个环境呈现为干草原、高寒荒漠草原和山地半荒漠草原类型,有些呈现为高寒草甸类型。盘羊夏季常活动于雪线下缘;冬季,当其栖息环境积雪深厚时,则从高处迁至低处山谷地活动,有季节性的垂直迁徙习性。盘羊的视觉、听觉、嗅觉相当敏锐。性情机警,稍有动静便迅速逃遁。常以小群活动,数量不等,数只至数十只的较常见,似乎不大集成大群活动。冬季雌雄合群在一起活动。配种季节,每只雄羊与数只雌羊一起生活,配种季节结束又分开活动。雌羊产羔于次年夏季,妊娠期约为 180 天。每胎 1 仔,2 岁左右性成熟。食性范围广,当地的各种植物均可被盘羊采食。在青海省内均有分布。

本次现场调查未发现盘羊,但是据对当地牧民的访问调查,该地区有盘羊活动,且主要集中在鄂陵湖、扎陵湖两湖连通处的山坡。

d. 灰鹤（图 4-11）

图 4-11　灰鹤

保护级别：国家二级保护鸟类；国际近危物种，列入 CITES 附录Ⅱ。

鉴别特征：120 cm 左右，体型中等的灰色鹤。前顶冠黑色，中心红色，头及颈深青灰色。自眼后有一道宽的白色条纹伸至颈背。体羽余部灰色，背部及长而密的三级飞羽略沾褐色。初级飞羽、次级飞羽都是黑褐色。虹膜褐色；嘴污绿色，嘴端偏黄；脚黑色。

生态习性：栖息于开阔平原、草地、沼泽、河滩、旷野、湖泊以及农田地带，尤为喜欢以富有水边植物的开阔湖泊和沼泽地带。主要以植物的叶、茎、嫩芽、块茎、草籽、玉米、谷粒、马铃薯、白菜、软体动物、昆虫、蛙、蜥蜴、鱼类等食物为食。飞行时常排列成 V 形或人字形，头部和颈部向前伸直，脚向后伸直。栖息时常一只脚站立，另一只脚收于腹部。

本次现场调查未发现灰鹤，但保护区管理局在执法过程中曾在鄂陵湖、扎陵湖两湖连通处的沼泽地拍摄到一群灰鹤（14 只）。

e. 鹗

保护级别：国家二级保护鸟类；国际近危物种，列入 CITES 附录Ⅱ。

鉴别特征：55 cm 左右，中等体型的褐、黑及白色鹰。头及下体白色，具黑色贯眼纹。上体多暗褐色，深色的短冠羽可竖立。亚种区别在头上白色及下体纵纹多少。虹膜为黄色;嘴为黑色,蜡膜灰色;裸露跗跖及脚为灰色。

生态习性:栖息于湖泊、河流、海岸等地,尤其喜欢在山地森林中的河谷或有树木的水域地带,冬季也常到开阔无林地区的河流、水库、水塘地区活动。主要以鱼类为食,有时也捕食蛙、蜥蜴、小型鸟类等其他小型陆栖动物。

本次现场调查未发现鹗,根据访问调查及翻阅文献,扎陵湖湖区周围分布有鹗。

f. 高山兀鹫

保护级别:国家二级保护鸟类;国际近危物种,列入 CITES 附录Ⅱ。

鉴别特征:120 cm 左右,体大的浅土黄色鹫。下体具白色纵纹,头及颈略披白色绒羽,具黄色的松软翎羽。初级飞羽黑色。嘴形高大而侧扁,先端弯曲。虹膜黑褐色而具黄色眼圈;喙蓝灰色,喙基具黄色或灰色蜡膜;脚黄色或灰色。

生态习性:栖息于高山和高原地区,常在高山森林上部苔原森林地带、高原草地、荒漠和岩石地带活动,或是在高空翱翔,或是成群地栖息在地上或岩石上,有时也出现在雪线以上的空中。

本次现场调查未发现高山兀鹫个体,根据访问调查,该区域分布有高山兀鹫。

g. 大鵟(图 4-12)

图 4-12　大鵟

保护级别:国家二级保护鸟类;国际易危物种,列入 CITES 附录Ⅱ。

鉴别特征:70 cm 左右,体大的棕色鵟。有淡色型、暗色型和中间型等色型,其中以淡色型较为常见。似棕尾鵟但体型较大,尾上偏白并常具横斑,腿深色,次级飞羽具清楚的深色条带。浅色型具深棕色的翼缘。深色型初级飞羽下方的白色斑块比棕尾鵟小。虹膜黄或偏白;嘴蓝灰,蜡膜黄绿色;脚黄色。

生态习性:栖息于山地、山脚平原和草原等地区,也出现在高山林缘和开阔的山地草原与荒漠地带,垂直分布高度可以达到 4 000 m 以上的高原和山区。冬季也常出现在低山丘陵和山脚平原地带的农田、芦苇沼泽、村庄甚至城市附近。主要以啮齿动物及蛙、蜥蜴、野兔、蛇、黄鼠、鼠兔、旱獭、雉鸡、石鸡、昆虫等动物性食物为食。

大鵟为调查区的广布种,现场调查多次发现大鵟。

h. 猎隼(图 4-13)

图 4-13　猎隼

保护级别:国家二级保护鸟类;国际濒危物种,列入 CITES 附录Ⅱ。

鉴别特征:50 cm 左右,体大的褐色隼。雌雄羽色相似,头及上体棕褐色或灰褐色而具黑褐色横斑。头顶具黑褐色细纹,脸颊白色,耳后及颈背斑驳,具不明显至宽阔的白色眉纹,眼下具黑褐色髭纹,两翼飞羽黑褐色,尾羽棕褐色而具黑褐色横斑,颏喉及上胸白色,其余下体白色而具黑褐色点斑或者纵纹。虹膜黑褐色而具黄色眼圈;喙蓝灰色,喙基具黄色或灰色蜡膜;脚黄色或灰色。

生态习性:多栖息于高原、高海拔山地、半荒漠以及多峭壁和岩石生境,以中小型鸟类、啮齿类和小型兽类为食,捕食于地面和空中。

本次现场调查未发现猎隼个体。但 2015 年 8 月和 10 月,保护区管理局、北京林业大学自然保护区学院在进行三江源国家级自然保护区扎陵湖-鄂陵湖保护分区鸟类监测时,各发现猎隼 2 只和 10 只。

i. 纵纹腹小鸮

保护级别:国家二级保护鸟类;国际无危物种,列入 CITES 附录 Ⅱ。

鉴别特征:23 cm 左右,体小而无耳羽簇的鸮鸟。头顶平,眼亮黄而长凝。浅色的平眉及宽阔的白色髭纹使其看似狰狞。上体褐色,具白色纵纹及点斑。下体白色,具褐色杂斑及纵纹。肩上有两道白色或皮黄色的横斑。虹膜亮黄色,嘴角质黄色,脚白色。

生态习性:栖息于低山丘陵、林缘灌丛和平原森林地带,也出现在农田、荒漠和村庄附近的树林中。主要在白天活动,常在大树顶端和电线杆上休息。飞行迅速,主要通过等待和快速追击来捕猎食物。食物主要是鼠类和鞘翅目昆虫,也吃小鸟、蜥蜴、蛙等小型动物。

本次现场调查未发现纵纹腹小鸮个体。

③ 青海省级重点保护野生动物

调查区分布有 17 种青海省级重点保护野生动物:普通鸬鹚、苍鹭、灰雁、斑头雁、赤麻鸭、斑嘴鸭、棕头鸥、渔鸥、戴胜、凤头百灵、角百灵、长嘴百灵、细嘴短趾百灵、云雀、沙狐、赤狐、香鼬。

a. 沙狐

保护级别:青海省级保护兽类;国际近危物种。

鉴别特征:形状与其他狐种相似,但个体小,尾短。耳背既无赤狐那种暗色,亦无藏狐那样的黄色。背部毛被略微呈波状弯曲。沙狐在本身三种狐种中个体最小,就现有标本看,平均体长为 577.5 mm(藏狐为 593.5 mm,赤狐为685 mm),尾长约在 249 mm 左右。耳明显比赤狐的小,而与藏狐的相似。虽然整个被毛显软,但远不及赤狐毛那样柔软、长而疏松,其被毛类型介于赤狐与藏狐之间。沙狐背毛上端稍微弯,致使毛被表面呈现一些波状的回曲,尾端钝圆形。除吻部白色外,整个额面、头顶、耳背、双耳之间,沿颈背直到尾背的2/3 长度上,为一致的微褐红土白色,背脊一带有少量褐黑色针毛掺杂,所以色调略显深。尾端一段为白色。体侧毛色与背部完全一致。颌、喉、颈下、胸、腹以及四肢内侧白色。尾下毛色稍淡于尾背色调。头骨外形与赤狐相比有很大区别,主要表现在颧弓后部明显向外扩张;吻部狭长,在第二上前臼齿一带表现出收缩的趋势;前额骨前尖在鼻骨两侧向前延伸很长;眶间宽度(约 21 mm)也比赤狐的(27.2～28.5 mm)小。至于牙齿结构,与赤狐无区别。经观察三种狐的头骨标本,沙狐、藏狐的头骨与赤狐有很大的差别,但前二者之间无论其外形或各部的结构均非常近似。

分布与生态:在青海省境内,沙狐的栖息地类型、分布高度似乎与藏狐无明显不同,二者往往生活在同一环境中。其栖息高度最高可至海拔 5 100 m 左右,常活动于高寒草甸上。捕食对象与藏狐、赤狐相同。山坡的岩石洞、旱獭洞均可被利用为其巢穴。青海省内的草原地区一般都有分布,但数量不多。已有的标本均采自海拔 4 200 m 以上的唐古拉山地区。

本次现场调查未发现沙狐个体。沙狐主要分布在黄河乡一带,但根据访问调查,扎陵湖、鄂陵湖、星星海一带也有分布。

b. 赤狐

保护级别:青海省级保护兽类;国际易危物种,列入 CITES 附录Ⅲ。

鉴别特征:形似小的家犬,吻短尖,通体浅棕色或浅黄色,被毛松软,尾粗长,行动时常下垂拖至地面。赤狐是体型最大、最常见的狐狸。四肢、耳壳均比藏狐显长。尾也长,长度往往超过头体长的一半,尾毛蓬松柔软。头额、颈背、前背浅棕黄色,后背稍呈黄褐色。体侧色调要比背部显得稍淡,一般呈现乳黄或者浅黄色。耳背暗褐或黑褐色。颈下、胸、腹部以及前后腿内侧白色至污白色。四肢前面有隐约的暗纹。除尾端白色外,其余色调与体背颜色相同。但是赤狐的毛色个体差异变化较大,往往在同一地区发现有灰黄褐色、棕黄色和鲜黄褐色的个体,也有偏向于黑色(黑化)的。头骨吻部明显比藏狐宽短,其中部亦无收缩的趋势。第一上臼齿发达,次尖明显。第二上臼齿较小,不及前者的1/2,其次尖也较弱。下裂齿强大,长度可达至 17 mm。

生态习性:适应性强,不论低海拔的农区或高海拔的各种类型草原都有分布。日夜均有活动。大雪季节,赤狐经常潜至农舍附近觅食,偶尔也会盗食家畜。夏季也猎食一些雉、鹑和其他鸟类。春末夏初产仔,每胎多为 6 只,平均 4 只。往往利用旱獭洞或者山岩的缝隙深处做窝。产下的幼体直至能站立活动后,成体才把它们引至洞外,然后逐渐跟随父母寻找食物至独立生活。赤狐几乎遍布青海省全省。

本次现场调查未发现赤狐个体,根据访问调查,赤狐在调查区广泛分布。

4.2.5　景观生态体系质量现状与评价

4.2.5.1　景观生态体系质量现状

调查区地处黄河源头,区域人为活动的干扰较小,在自然体系等级划分中,调查区主要由草原生态系统、湿地生态系统、荒漠生态系统及城镇/村落生态系统相间组成,土地利用类型以草地为主。

景观生态系统的质量现状由生态调查区域内自然环境、各种生物以及人类社会之间复杂的相互作用来决定。从景观生态学结构与功能相匹配的理论来说,结构是否合理决定了景观功能的优劣,在组成景观生态系统的各类组分中,模地是景观的背景区域,它在很大程度上决定了景观的性质,对景观的动态起着主导作用。本规划范围模地主要采用传统的生态学方法来确定,即计算组成景观的各类嵌块的优势度值(Do),优势度值大的就是模地,优势度值通过计算调查区内各嵌块的重要值的方法判定某嵌块在景观中的优势,由以下三种参数计算出:密度(R_d)、频度(R_f)和景观比例(L_p)。

$$密度(R_d) = 嵌块 I 的数目 / 嵌块总数 \times 100\%$$

$$频度(R_f) = 嵌块 I 出现的样方数 / 总样方数 \times 100\%$$

样方是以 $1\,km \times 1\,km$ 为一个样方,对景观全覆盖取样,并用 Merrington Maxine"t-分布点的面分比表"进行检验。

$$景观比例(L_p) = 嵌块 I 的面积 / 样地总面积 \times 100\%$$

通过以上三个参数计算出优势度值(Do):

$$优势度值(Do) = \{(R_d + R_f)/2 + L_p\}/2 \times 100\%$$

运用上述参数计算调查区各类嵌块优势度值,其结果见表 4-11。

表 4-11　调查区各嵌块优势度值

景观类型	密度(R_d)/%	频度(R_f)/%	景观比例(L_p)/%	优势度值(Do)/%
草地	38.73	41.02	85.78	62.83
荒漠	51.63	49.57	7.07	28.83
水域	9.56	9.26	7.15	8.28
建筑用地	0.07	0.15	0.01	0.06

由表 4-11 可知,在调查区各嵌块中,草地的优势度值最大,为 62.83%,说明草地是本区域内对景观具有控制作用的生态体系部分。调查范围内其他土地以荒漠为主,荒漠的抗干扰能力和系统调控能力都比较差。

4.2.5.2 景观生态体系质量变化分析

通过对比黄河源水电站建设前(1994 年)、运行期(2007 年)和停运期(2017 年)的区域景观优势度可知,水电站建设前后区域内的模地仍然是草地,主要的变化(表 4-12)有:

(1)荒漠、建筑用地及水域的优势度有所升高,草地的优势度有所下降。主要是由于黄河源水电站大坝蓄水抬高了鄂陵湖水位,使得区域水域面积增加;建筑用地增加主要是区域经济建设导致面积增加,荒漠面积增加是草地退化、风蚀作用加强导致的。但根据变化趋势可知,荒漠优势度增加的幅度在逐步减弱,主要是因为区域退牧还草工程和三江源生态保护工程的实施,草地退化速度在减缓。

(2)草地依然是调查区模地。通过对比分析,草地的优势度值由建设前的 64.45% 降低到停运期的 62.83%。降低的原因主要是草地退化,但根据优势度变化趋势分析,草地退化的速度在逐步降低,草地依然是评价优势度最高的景观类型,依然是调查区模地,黄河源水电站建设前后调查区景观类型未发生显著变化。

表 4-12 调查区优势度值变化表 单位:%

景观类型	停运期(2017 年)	运行期(2007 年)	建设前(1994 年)
草地	62.83	63.48	64.45
荒漠	28.83	28.42	27.68
水域	8.28	8.06	7.84
建筑用地	0.06	0.05	0.03

第 5 章　生态敏感区现状调查研究

5.1　扎陵湖-鄂陵湖保护分区

5.1.1　保护分区概况

扎陵湖-鄂陵湖保护分区是三江源国家级自然保护区 18 个保护分区之一。扎陵湖-鄂陵湖保护分区总面积 1 550 721.0 hm^2，分为核心区、缓冲区、实验区。其中，核心区面积 231 722.0 hm^2，占保护分区面积的 14.94%；缓冲区面积 290 619.0 hm^2，占 18.74%；实验区面积 1 028 380.0 hm^2，占 66.32%，详见表 5-1。保护分区内地貌复杂多样，孕育了河流、湖泊、湿地、荒漠、草地等高寒干旱的自然环境。

表 5-1　扎陵湖-鄂陵湖保护分区功能区划表

类型	核心区	缓冲区	实验区	合计
面积/hm^2	231 722.0	290 619.0	1 028 380.0	1 550 721.0
占比/%	14.94	18.74	66.32	100

5.1.2　自然特征

（1）地理位置与范围

扎陵湖-鄂陵湖保护分区位于玛多县的西部。扎陵湖、鄂陵湖是国际重要湿地，也是黄河干流源头上两个最大的淡水湖。扎陵湖面积约为 52 000 hm^2，鄂陵湖面积约为 61 000 hm^2，周围沼泽地面积约为 13 340 hm^2，对黄河源头水量具有巨大的调节功能。西与约古宗列保护分区相连，东与星星海保护分区相接。

（2）地形地貌

该保护分区四周被巴颜喀拉山、阿尼玛卿山和布青山环绕,中部地形平坦而开阔,滩丘相间,其间有众多湖泊,扎陵湖、鄂陵湖就在其中。整个地形由西北向东南倾斜,西北部高,山体浑圆,是黄河源头主要集水区。该保护分区海拔在 4 200 m 以上。境内最高点为巴颜喀拉山主峰,海拔 5 266 m,终年积雪,分布着大面积的现代冰川。境内最低点为东部的黄河出境口,海拔 4 035 m。

（3）土壤

扎陵湖-鄂陵湖保护分区土壤类型复杂多样,分为 7 个土类、15 个亚类。7 个土类分别为高山寒漠土、高山草甸土、高山草原土、草甸土、沼泽土、盐土和风沙土。高山寒漠土分布于海拔 4 800～5 300 m 的巴颜喀拉山、布青山和阿尼玛卿山山顶;高山草甸土分布于海拔 4 400～4 800 m 的山体中、下部及高山山麓以及扎陵湖乡和黄河乡滩地;高山草原土分布于海拔 4 100～4 400 m 的花石峡地区;风沙土分布于海拔 4 100～4 200 m 的黄河流域谷地;沼泽土分布于地表常年或季节性积水的土体潮湿地段,包括鄂陵湖和扎陵湖湖滨及巴颜喀拉山的山麓、滩地。

（4）水文

保护分区所处的玛多县是黄河源头第一县,黄河贯穿保护分区全境,支流有多曲河、麻石加河、勒那曲、白马曲、东曲、多格茸、扎索河、康前河等,形成纵横交错的黄河水系。境内黄河长约 150 km,流域面积 15 507 km^2,年平均流量 4.49 亿 m^3。众多湖泊和大面积沼泽湿地是黄河水的调节水库。

5.1.3　自然资源概况

保护分区有维管束植物 483 种(包括种下等级,不包括栽培种),隶属于50 科 293 属,国家级重点保护野生植物有 13 种,全部为国家二级保护野生植物,详见表 5-2。区域内没有乔木林,灌木林也极少。

表 5-2　扎陵湖-鄂陵湖保护分区分布的国家级重点保护野生植物

序号	中文名	学名	科名	保护级别
1	山莨菪	*Anisodus tanguticus（maxim）pascher*	茄科 Solanaceae	Ⅱ
2	红花绿绒蒿	*Meconopsis punicea*	罂粟科 Papaveraceae	Ⅱ
3	羽叶点地梅	*Pomatosace filicula*	报春花科 Primulaceae	Ⅱ
4	大花红景天	*Rhodiola crenulata*	景天科 Crassulaceae	Ⅱ
5	长鞭红景天	*Rhodiola fastigiata*	景天科 Crassulaceae	Ⅱ

表 5-2(续)

序号	中文名	学名	科名	保护级别
6	西藏红景天	*Rhodiola tibetica*	景天科 Crassulaceae	II
7	喜马红景天	*Rhodiola himalensis*	景天科 Crassulaceae	II
8	中华羊茅	*Festuca sinensis keng*	禾本科 Gramineae	II
9	短颖鹅观草	*R.breviglumis keng*	禾本科 Gramineae	II
10	短柄鹅观草	*Roegneria brevipes*	禾本科 Gramineae	II
11	短芒披碱草	*Elymus brachyaristatus(keng)keng f*	禾本科 Gramineae	II
12	黑紫披碱草	*Elymus atratus*	禾本科 Gramineae	II
13	冬虫夏草	*Cordyceps sinensis*	麦角菌科 Clavicipiaceae	II

注:表中国家一级、二级分别以 I、II 来表示。

保护分区有兽类 35 种、鸟类 80 种,鱼类、两栖爬行类不甚丰富。国家级重点保护动物有 18 种,其中国家一级保护动物 6 种,分别为玉带海雕、斑尾榛鸡、雉鹑、金雕等,国家二级保护动物 12 种,主要有鸢、苍鹰、大鵟、秃鹫、猎隼等,详见表 5-3。

表 5-3　扎陵湖-鄂陵湖保护分区分布的国家级重点保护动物

序号	类别	种名与学名	保护级别	居留类型
1	鸟类	玉带海雕 *Haliaeeus leucoryphus*	I	A
2	鸟类	斑尾榛鸡 *Terastes sewerzowi*	I	A
3	鸟类	雉鹑 *Tetraophaiss obscurus*	I	A
4	鸟类	金雕 *Aquila chrysaetas*	I	A
5	鸟类	鸢 *Milvus korschun*	II	A
6	鸟类	苍鹰 *Accipter gentilis*	II	D
7	鸟类	大鵟 *Buteo henilasius*	II	A
8	鸟类	秃鹫 *Aegypius monachus*	II	A
9	鸟类	猎隼 *Falco cherrug*	II	A
10	鸟类	红隼 *Falco tinnunculus*	II	A
11	兽类	藏野驴 *Equus kiang*	I	△
12	兽类	白唇鹿 *Cervus albirostris*	I	△
13	兽类	藏原羚 *Procapra picticaudata*	II	△
14	兽类	棕熊 *Ursus arctos*	II	
15	兽类	石貂 *Martes foina*	II	

表 5-3(续)

序号	类别	种名与学名	保护级别	居留类型
16	兽类	兔狲 *Felis manul*	Ⅱ	
17	兽类	马麝 *Moschus sifanicus*	Ⅱ	△
18	兽类	盘羊 *Ovis ammon*	Ⅱ	

注:表中国家一级、二级分别以Ⅰ、Ⅱ来表示;鸟类中的居留类型以 A、B、C、D 分别表示留鸟、夏候鸟、冬候鸟、旅鸟;兽类中青藏高原特有种以 △ 表示。

5.1.4　自然生态系统概况

（1）湿地生态系统概况

该保护分区的主要生态系统为高原湿地生态系统。据湿地普查结果,保护分区内湿地总面积 475 747.25 hm²,占保护分区面积的 30.68%。其中,河流湿地面积 11 760.68 hm²,占保护分区湿地面积的 2.47%,河流湿地主要是黄河及其支流,黄河从西向东贯穿整个保护分区,流经核心区、缓冲区及实验区,其支流呈南北向;湖泊湿地面积 128 698.03 hm²,占保护分区湿地面积的 27.05%,湖泊湿地主要包括扎陵湖和鄂陵湖,分布于保护分区中心地带的核心区;沼泽湿地面积 333 669.84 hm²,占保护分区湿地面积的 70.14%,沼泽多分布于保护分区南部的实验区,南部缓冲区也有少量分布;人工湿地面积 1 618.70 hm²,占保护分区湿地面积的 0.34%,分布于保护分区北部缓冲区与实验区的交界处。

（2）草原生态系统概况

草原生态系统是扎陵湖-鄂陵湖保护分区的主要生态系统之一,主要分布有高寒草甸、高寒草原,在分布上受局地小地形的影响,山地阳坡多为高寒草原和草原化草甸;阴坡多为高寒草甸;河谷低湿滩地为高寒沼泽。西部和南部比较湿润,发育着高寒草甸,而北部和东部比较干旱,主体是高寒草原和草原化草甸。总体上呈现出与青藏高原相似的高原水平与垂直带谱相嵌合地带性分布规律。

5.1.5　黄河源水电站与保护分区的位置关系

黄河源水电站坝址位于扎陵湖-鄂陵湖保护分区的实验区和缓冲区,回水至鄂陵湖,鄂陵湖属保护分区的核心区。黄河源水电站与扎陵湖-鄂陵湖保护分区的位置关系如图 5-1 所示。

图5-1　黄河源水电站与扎陵湖-鄂陵湖保护分区的位置关系

5.2 星星海保护分区

5.2.1 基本概况

星星海保护分区是三江源国家级自然保护区 18 个保护分区之一。星星海保护分区面积 690 643 hm²，分为核心区、缓冲区、实验区。其中，核心区面积 93 298 hm²，占保护分区面积的 13.51%；缓冲区面积 109 564 hm²，占15.86%；实验区面积 487 781 hm²，占 70.63%，详见表 5-4。保护分区内地貌复杂多样，孕育了河流、湖泊、湿地、荒漠、草地等高寒干旱的自然环境。

表 5-4 星星海保护分区功能区划表

类型	核心区	缓冲区	实验区	合计
面积/hm²	93 298.0	109 564.0	487 781.0	690 643.0
占比/%	13.51	15.86	70.63	100

2003 年被批准建立国家级自然保护区以来，功能区没有进行调整。暂时没有设立保护管理站，而是直接设立了 2 个管护点：星星海管护点和黄河乡管护点。

5.2.2 自然特征

（1）地理位置与范围

星星海保护分区涉及玛多县、达日县和玛沁县，西部与扎陵湖-鄂陵湖保护分区相邻，南接大野马岭，东接多石峡，海拔在 4 200 m 以上。

（2）地形地貌

该保护分区中部地形平坦开阔，地势由西北向南倾斜，黄河干流从区内穿过。该区主体星星海、龙日阿措等是我国海拔最高的高山湖泊之一，形状呈南北不规则条状分布，四周环绕着大量湖滨滩地和小湖泊。

（3）土壤

该区由于受干燥寒冷和多风气候的影响，土壤以高寒草甸土、高山草原土、山地草甸土、沼泽土、草甸土分布为主，低洼地带因地表常年处于低温积水状态，土壤多发育成水成土、半水成土。该区土壤无明显的水平分布特征，但受气候、地势、地形等自然因素的影响，局部地区土壤特性表现显著，多发生在巴颜喀拉山中段及黄河乡的山地、滩地间。

（4）水文

区内湖泊、沼泽湿地广布,水资源十分丰富,黄河贯穿本区并由北向东流去,长度约 248 km。保护分区所处的玛多县是黄河源头第一县,地表水年径流量 14.3 亿 m³。大气降水年际变化大,各月间降水分配不均,地表水径流量也相应产生较大的变化。

5.2.3　自然资源概况

据文献资料,星星海保护分区有维管束植物 498 种(包括种下等级,不包括栽培种),隶属于 55 科、302 属,国家重点保护野生植物有 12 种,全部为国家二级保护野生植物,详见表 5-5。区域内没有乔木林,有少量灌木林。

表 5-5　星星海保护分区分布的国家级重点保护野生植物

序号	中文名	学名	科名	保护级别
1	山莨菪	*Anisodus tangguticus*	茄科 Solanaceae	II
2	红花绿绒蒿	*Meconopsis punicea*	罂粟科 Papaveraceae	II
3	羽叶点地梅	*Pomatosace filicula*	报春花科 Primulaceae	II
4	狭叶红景天	*Rhodiola kirilowii*	景天科 Crassulaceae	II
5	西藏红景天	*Rhodiola tibetica*	景天科 Crassulaceae	II
6	喜马红景天	*Rhodiola himalensis*	景天科 Crassulaceae	II
7	唐古特红景天	*Rhodiola tangutica*	景天科 Crassulaceae	II
8	中华羊茅	*Festuca sinensis*	禾本科 Gramineae	II
9	短颖鹅观草	*Roegneria breviglumis*	禾本科 Gramineae	II
10	短柄鹅观草	*Roegneria brevipes*	禾本科 Gramineae	II
11	短芒披碱草	*Elymus brachyaristatus*	禾本科 Gramineae	II
12	冬虫夏草	*Cordyceps sinensis*	麦角菌科 Clavicipiaceae	II

注:表中国家一级、二级分别以 I、II 来表示。

区内有兽类 32 种、鸟类 75 种,鱼类、两栖爬行类不甚丰富。国家级重点保护动物有 25 种,国家一级保护动物有玉带海雕、斑尾榛鸡、雉鹑、黑颈鹤、金雕、藏野驴等 7 种,国家二级保护动物有大天鹅、苍鹰、大鵟、棕熊等 18 种,详见表 5-6。

表 5-6　星星海保护分区分布的国家级重点保护动物

序号	类别	种名与学名	保护级别	居留类型
1	鸟类	玉带海雕 *Haliaeeus leucoryphus*	I	A
2	鸟类	斑尾榛鸡 *Terastes sewerzowi*	I	A
3	鸟类	雉鹑 *Tetraophaiss obscurus*	I	A
4	鸟类	金雕 *Aquila chrysaetas*	I	A
5	鸟类	鸢 *Milvus korschun*	II	A

表 5-6(续)

序号	类别	种名与学名	保护级别	居留类型
6	鸟类	苍鹰 *Accipter gentilis*	II	D
7	鸟类	大鵟 *Buteo henilasius*	II	A
8	鸟类	秃鹫 *Aegypius monachus*	II	A
9	鸟类	猎隼 *Falco cherrug*	II	A
10	鸟类	红隼 *Falco tinnunculus*	II	A
11	兽类	藏野驴 *Equus kiang*	I	△
12	兽类	白唇鹿 *Cervus albirostris*	I	△
13	兽类	藏原羚 *Procapra picticaudata*	II	△
14	兽类	棕熊 *Ursus arctos*	II	
15	兽类	石貂 *Martes foina*	II	
16	兽类	兔狲 *Felis manul*	II	
17	兽类	马麝 *Moschus sifanicus*	II	△
18	兽类	盘羊 *Ovis ammon*	II	

注:表中国家一级、二级分别以I、II来表示;鸟类中的居留类型以 A、B、C、D 分别表示留鸟、夏候鸟、冬候鸟、旅鸟;兽类中青藏高原特有种以 △ 表示。

5.2.4 自然生态系统概况

（1）湿地生态系统概况

星星海保护分区的主要生态系统为高原湿地生态系统。据湿地普查结果,保护分区内湿地面积 115 728.65 hm²,占保护分区面积的 16.76%。其中,河流湿地面积 22 052.78 hm²,占保护分区湿地面积的 19.06%;湖泊湿地面积 22 011.46 hm²,占保护分区湿地面积的 19.02%;沼泽湿地面积 71 664.41 hm²,占保护分区湿地面积的 61.92%;没有人工湿地。

（2）草原生态系统概况

星星海保护分区由于其特殊的地理位置,没有乔木林,但有少量的灌木林和广袤的草原植被。该区属青藏高原青南草原地区,其植被类型与组成较单一,但垂直分布十分明显。区内有高寒草甸、高寒干草原和沼泽草甸三大类型,以高山嵩草、苔草、藏嵩草、黑苔草为优势种。

5.2.5 黄河源水电站与保护分区的位置关系

黄河源水电站坝址距离星星海保护分区边界最近直线距离约 15.8 km,保护分区位于坝下约 40 km 的黄河右岸。黄河源水电站与星星海保护分区的位置关系如图 5-2 所示。

图5-2　黄河源水电站与星星海保护分区的位置关系

5.3 扎陵湖国际重要湿地

5.3.1 湿地概况

扎陵湖国际重要湿地位于青海省玛多县西部,地处巴颜喀拉山北麓,属于黄河上游湿地区,处于三江源国家级自然保护区扎陵湖-鄂陵湖保护分区内,湿地面积 5.26 万 hm²,距县城 67 km。

扎陵湖湿地是黄河源区上游的一个更新世断盆地形成的构造湖。该湖呈不对称菱形,水位海拔高 4 292 m,长 35 km,最大宽度 21.3 km,平均宽15.0 km;最大水深 13.1 m,平均水深 8.9 m;蓄水量 46.7 亿 m³。入湖河流有黄河、卡日曲等,水系特点是支强干弱,右侧支流较多,且源远流长;左侧支流较少,水量不大,流于东南黄河宽谷,约经 30 km 曲折流程,途中汇纳多曲和勒那曲来水,下注鄂陵湖。

该湿地的盆地边缘为湖成阶地、山前台地和洪积扇。北面为布尔汗布达山及其支脉布青山,南面为巴颜喀拉山,海拔多在 4 600 m 以上。气候为典型的内陆性气候,具有干旱、多风、少雨的气候特征,近湖地带有局部小气候,夏季温暖、潮湿、夜雨较多。年平均气温 -4.1 ℃,最热月(7 月)平均气温 7.4℃,最冷月(1 月)平均气温 -16.9 ℃。年平均降水量 298.5 mm,年蒸发量1 208 mm。土壤类型主要为泥炭土、泥炭沼泽土和草甸沼泽土。

扎陵湖国际重要湿地是青藏高原生物多样性热点区之一,为多种鸟类提供了繁殖栖息地,包括赤麻鸭、棕头鸥、鱼鸥、普通鸬鹚、斑头雁、黑颈鹤等。环湖周围常见的哺乳动物有藏野驴、藏原羚、喜马拉雅旱獭、兔狲等,多为青藏高原特有或中亚特有种。湖中盛产鱼类,主要有花斑裸鲤、极边扁咽齿鱼、骨唇黄河鱼、厚唇裸重唇鱼等青藏高原高寒湖泊特有鱼类。

据已有资料,扎陵湖的湖泊水储量变化不大(1976—2009 年),面积在51 697~52 966 hm² 之间波动。这说明即使受降水径流丰枯变化的影响,吞吐湖多进多排、少进少排的自然调节特性可以使其保持相对稳定。

扎陵湖湿地类为湖泊湿地,湿地型为永久性淡水湖。

5.3.2 黄河源水电站与扎陵湖国际重要湿地的位置关系

扎陵湖国际重要湿地位于黄河源头处,在黄河源水电站坝址上游约 75 km 处,直线距离约 43.5 km。黄河源水电站与扎陵湖重要湿地的位置关系如图 5-3 所示。

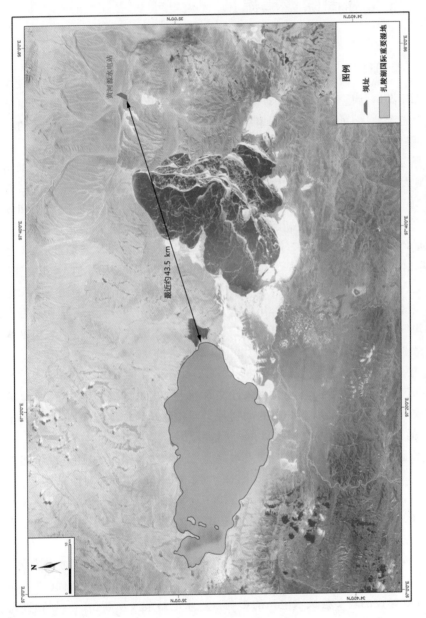

图 5-3　黄河源水电站与扎陵湖国际重要湿地的位置关系

5.4 鄂陵湖国际重要湿地

5.4.1 湿地概况

鄂陵湖国际重要湿地位于青海省玛多县境内,地处巴颜喀拉山北麓,属于黄河上游湿地区,处于三江源国家级自然保护区扎陵湖-鄂陵湖保护分区的核心区,湿地面积 6.11 万 hm²,距县城 50 多千米。

鄂陵湖是黄河源区的第一大淡水湖,属高原淡水湖泊湿地,湖长 32.3 km,最大宽 31.6 km,平均宽 18.9 km;最大水深 30.7 m,平均水深 17.6 m;蓄水量 10.76 亿 m³,水位海拔高度 4 269 m。湖水补给主要依赖地表径流和湖面降水。入湖河流有黄河、勒那曲等,其中黄河干流由西南向东北穿湖而过,多年平均入湖径流量 12.57 亿 m³,湖面降水量 1.86 亿 m³,蒸发量 8.07 亿 m³,年出湖径流量 6.36 亿 m³。湖滨土壤主要类型为寒漠土、草甸土、黑钙土、沼泽土、盐土和褐土等。

该区气候属典型内陆气候,年平均气温−4.6 ℃,7 月平均气温 7.5 ℃,1 月平均气温−16.9 ℃,极端最低气温−53.0 ℃,极端最高气温 22.9 ℃;年平均降水量 304.6 mm,6—9 月降水量占全年降水量的 76%,平均降水日数 121 天,其中年降雪日数占 62%。

鄂陵湖与扎陵湖相连,同为永久性淡水湖。湖区域内的物种丰富,是夏季水禽候鸟的主要栖息地,其分布的动物种类同扎陵湖的物种相同;鱼类较为富集,其捕捞资源量在历史上曾在 15 t/a(冬季)。

据遥感影像资料,鄂陵湖的湖泊水储量变化以 4 个年份的夏季水量相对比,1994 年、2001 年湖泊面积在 61 419～61 609 hm² 之间,湖面基本稳定;2007 年,湖泊面积增大到 65 350 hm²;2009 年湖泊面积为 65 153 hm²。湖水储量的变化,受自然降水和生态环境保护综合治理的双重影响,湖水变化较为明显,尤其是玛多县域水电站的修建,使湖水位抬升。

目前,由于扎陵湖、鄂陵湖两湖的人类活动较少,对水量的影响也较小。扎陵湖面积变化不大,而鄂陵湖面积却在增大,其主要原因是受出湖口下游 17 km 处建设的玛多县域水电站的影响。该水电站最大坝高 18 m,坝顶高程 4 273.6 m,比鄂陵湖湖口的海拔最高点(4 272.48 m)高出 1.52 m,因此 2005 年鄂陵湖水位明显上升,2007—2009 年水位达到 4 270.09～4 270.58 m,较 20

世纪90年代的水位上升了2 m左右。水电站的建设抬高了湖水位,增加了鄂陵湖储水量约12亿 m³。

鄂陵湖湿地类为湖泊湿地,湿地型为永久性淡水湖。

5.4.2　黄河源水电站与鄂陵湖国际重要湿地的位置关系

鄂陵湖国际重要湿地位于位于黄河源水电站坝址上游约17 km处,直线距离约12.2 km,黄河源水电站尾水回至鄂陵湖。黄河源水电站与鄂陵湖国际重要湿地的位置关系如图5-4所示(见下页)。

5.5　玛多湖国家重要湿地

5.5.1　湿地概况

玛多湖国家重要湿地位于青海省玛多县境内,距离县城不到30 km,黄河干流玛曲由此穿过,属于黄河上游湿地区,处于三江源国家级自然保护区星星海保护分区的核心区,由星星海等众多湖泊组成,湿地面积约7.97万 hm²。

玛多湖湿地地貌类型为高原湖盆类型,四周为山地,中间低而平缓,是一片狭长的沼泽草甸区,湖泊众多,大的湖泊有星星海、阿涌吾玛错、龙日阿错、日格错、阿涌尕玛错、尕拉拉错等,平均海拔4 240 m。该区域气候特点是干旱少雨,雨热同季,降水少,蒸发大,日照时间长,多风,昼夜温差大,冬春季寒冷干燥,雪灾危害较多。据玛多县气象站资料,区内年平均气温−4.1 ℃,最冷月(1月)平均气温−16.8 ℃,极端最低气温−53.0 ℃,最热月(7月)平均气温7.4 ℃,极端最高气温22.9 ℃;年平均降水量303.9 mm,6—9月降水量占全年降水量的76%,年蒸发量13 18.6 mm。主要土壤类型为草甸土、黑钙土、沼泽土、盐土、风沙土和褐土等。

区域内地貌复杂多样,孕育了河流、湖泊、沼泽、荒漠、草地等高寒干旱的自然环境,形成了独特的动物区系,野生动物资源丰富。鸟类分布有国家一级保护鸟类黑颈鹤、玉带海雕和金雕,国家二级保护鸟类大天鹅、纵纹腹小鸮、秃鹫、红隼、大鵟等,常见种有赤麻鸭、棕头鸥、渔鸥、普通鸬鹚、绿翅鸭、赤颈潜鸭、凤头潜鸭、灰雁、普通秋沙鸭等。湖中盛产鱼类,主要分布有花斑裸鲤、极边扁咽齿鱼、骨唇黄河鱼、厚唇裸重唇鱼和拟鲶高原鳅等。哺乳类分布有国家一级保护动物藏野驴,国家二级保护动物藏原羚,常见种有喜马拉雅旱獭、高

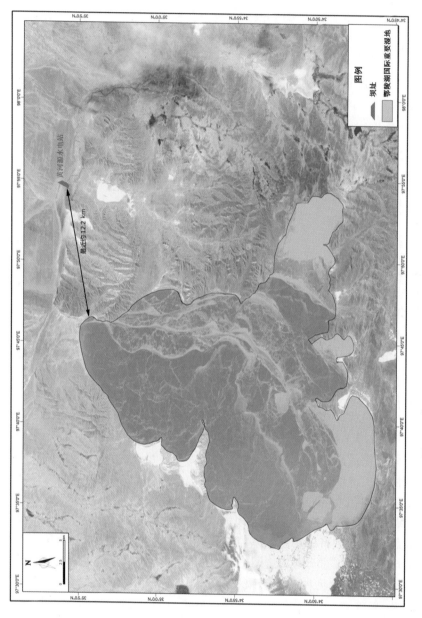

图5-4 黄河源水电站与鄂陵湖国际重要湿地的位置关系

原兔和高原鼠兔等。植物分布有 9 科、10 属、15 种，湿地植物群系 5 个，包括河柳群系、金露梅群系、西藏沙棘群系、西藏蒿草群系、西伯利亚蓼群系。湿地植物有洮河柳、金露梅、水毛茛、穗状狐尾藻、西藏沙棘、篦齿眼子菜、西藏蒿草、水蒿草、华扁穗草、海韭菜、青藏薹草、黑褐苔草和西伯利亚蓼等。

该湿地资源面积 2.11 万 hm^2。湿地类为三类，即河流湿地、湖泊湿地和沼泽湿地。湿地型为三种，即永久性河流、永久性淡水湖和沼泽化草甸。河流湿地面积 1.40 hm^2，为永久性河流；湖泊湿地资源面积 1.08 万 hm^2，为永久性淡水湖；沼泽湿地面积 1.03 万 hm^2，为沼泽化草甸。

5.5.2　黄河源水电站与玛多湖国家重要湿地的位置关系

玛多湖国家重要湿地主要是由龙日阿错、星星海、阿涌吾尔玛错和阿涌尕玛错等湖泊组成，均位于黄河干流右岸，在黄河源水电站坝址下游约 25 km，直线距离约 19.9 km。黄河源水电站与玛多湖国家重要湿地的位置关系如图 5-5 所示（见下页）。

5.6　三江源国家公园

5.6.1　三江源国家公园概况

为保护好黄河、长江和澜沧江源头这一中华水塔，2015 年 12 月 9 日，中央全面深化改革领导小组第十九次会议审议通过《三江源国家公园体制试点方案》，将三江源国家公园作为我国第一个国家公园体制试点。2016 年 3 月，中共中央办公厅和国务院办公厅正式印发了《三江源国家公园体制试点方案》，明确了设立三江源国家公园的任务书、时间表、路线图。2021 年 10 月 21 日三江源国家公园正式成立，由黄河源园区、长江源园区和澜沧江源园区组成（图 5-6）。本研究涉及的主要是三江源国家公园的黄河源园区（图 5-7）。

黄河源园区位于玛多县境内，在 $97°1'20''\sim99°14'57''E$，$33°55'5''\sim35°28'15''N$，包括三江源国家级自然保护区扎陵湖-鄂陵湖和星星海两个保护分区，面积 1.91 万 km^2。涉及玛多县黄河乡、扎陵湖乡、玛查里镇的 19 个行政村。

核心保育区面积 0.86 万 km^2，包括三江源国家级自然保护区扎陵湖-鄂陵湖保护分区和星星海保护分区的核心区、缓冲区和部分实验区，玛查里镇西南部热那曲流域和黄河乡东南部的热曲流域；生态保育修复区 0.24 万 km^2，包括

图5-5　黄河源水电站与玛多湖国家重要湿地的位置关系

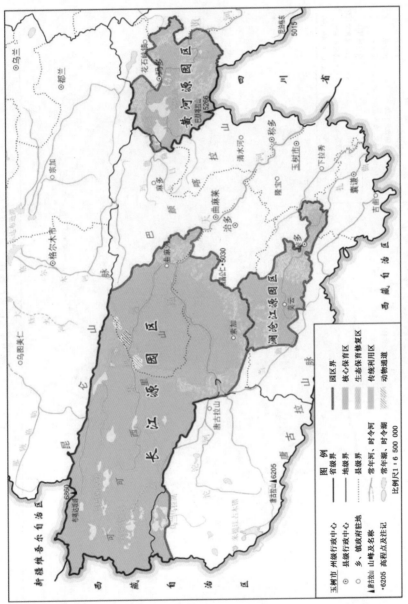

图5-6　三江源国家公园功能分区图

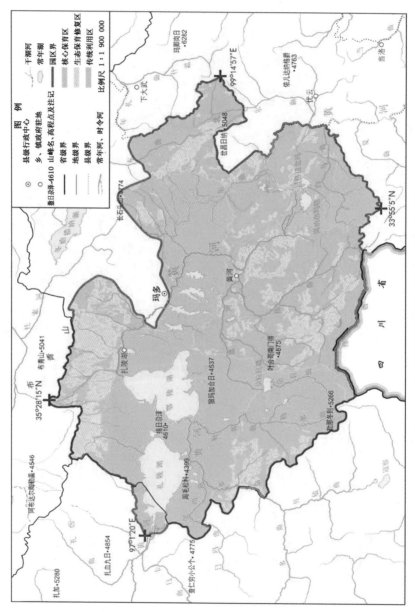

图5-7 三江源国家公园黄河源园区功能分区图

扎陵湖-鄂陵湖保护分区和星星海保护分区的部分实验区;传统利用区面积 0.81 万 km^2,位于扎陵湖-鄂陵湖保护分区和星星海保护分区的部分实验区。

黄河源园区河流纵横、湖泊星罗棋布,扎陵湖和鄂陵湖是黄河上游最大的两个天然湖泊,与星星海等湖泊群构成黄河源"千湖景观";高寒湿地、草地生态系统形态独特,藏野驴、藏原羚、棕熊、雪豹、狼和黑颈鹤、雕、赤麻鸭、斑头雁等野生动物及花斑裸鲤、厚唇裸重唇鱼等鱼类广泛分布。

5.6.2　黄河源水电站与三江源国家公园黄河源园区的位置关系

本研究项目位于三江源国家公园的黄河源园区内,涉及核心保育区和生态保育修复区,黄河源水电站涉及三江源国家级自然保护区扎陵湖-鄂陵湖保护分区的实验区和缓冲区,回水至鄂陵湖,而鄂陵湖属保护分区的核心区。黄河源水电站与三江源国家公园黄河源园区的位置关系如图 5-8 所示(见下页)。

5.7　扎陵湖鄂陵湖花斑裸鲤极边扁咽齿鱼国家级水产种质资源保护区

5.7.1　保护区概况

扎陵湖鄂陵湖花斑裸鲤极边扁咽齿鱼国家级水产种质资源保护区总面积 114 200 hm^2,其中核心区面积 113 600 hm^2,实验区面积 600 hm^2。核心区特别保护期为 5 月 1 日—8 月 31 日。保护区位于青海省玛多县境内,距玛多县城 60 余千米。

5.7.2　保护区功能分区

保护区范围在 $97°03'02''\sim97°54'57''$E、$34°45'30''\sim35°06'26''$N 之间。核心区包括扎陵湖核心区和鄂陵湖核心区两个区域,如图 5-9 所示。扎陵湖核心区是由 4 个拐点连线所围的区域,面积为 52 600 hm^2,拐点坐标分别为 $97°21'44''$E、$34°47'33''$N,$97°03'27''$E、$34°52'34''$N,$97°03'02''$E、$35°01'02''$N,$97°30'42''$E、$35°00'32''$N。鄂陵湖核心区是由 7 个拐点连线所围的区域,面积为 61 000 hm^2,拐点坐标分别为 $97°30'49''$E、$34°51'52''$N,$97°36'02''$E、$34°45'30''$N,$97°53'46''$E、$34°48'00''$N,$97°54'57''$E、$34°51'05''$N,$97°48'25''$E、

图5-8 黄河源水电站与三江源国家公园黄河源园区的位置关系

34°54′23″N、97°47′53″E、35°06′26″N、97°37′40″E、35°01′26″N。实验区是由 3 个拐点连线所围的区域，面积为 600 hm²，拐点坐标分别为 97°21′44″E、34°47′33″、97°25′53″E、34°49′23″N、97°30′41″E、34°49′29″N。

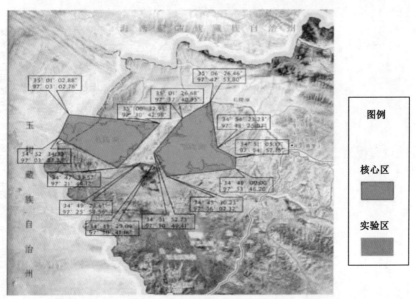

图 5-9　扎陵湖鄂陵湖花斑裸鲤极边扁咽齿鱼国家级水产种质
资源保护区功能分区图

5.7.3　保护区主要保护对象

保护区主要保护对象为花斑裸鲤、极边扁咽齿鱼，其他保护物种包括骨唇黄河鱼、黄河裸裂尻鱼、厚唇裸重唇鱼、拟鲶高原鳅、硬刺高原鳅和背斑高原鳅。

5.7.4　黄河源水电站与保护区位置关系

扎陵湖鄂陵湖花斑裸鲤极边扁咽齿鱼国家级水产种质资源保护区位于黄河源水电站坝址上游，距离坝址直线距离约 9.1 km。黄河源水电站与扎陵湖鄂陵湖花斑裸鲤极边扁咽齿鱼国家级水产种质资源保护区的位置关系如图 5-10 所示。

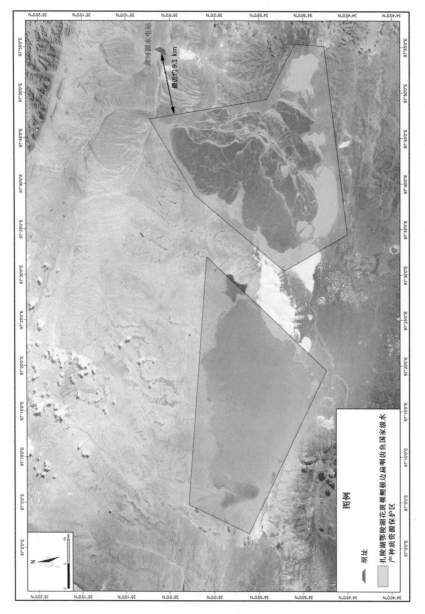

图5-10 黄河源水电站与扎陵湖鄂陵湖花斑裸鲤极边扁咽齿鱼国家级水产种质资源保护区的位置关系

第 6 章　结　　语

黄河源区位于青藏高原东北部，其南北界分别为巴颜喀拉山和布青山，其西界为雅拉达泽山，形成一个以鄂陵湖和扎陵湖为汇水中心、黄河贯穿其中，并向东开口的盆地状谷地。黄河源水电站坝址位于鄂陵湖湖口下游 17 km 处的黄河干流上，其区域生态环境非常敏感，涉及三江源国家级自然保护区扎陵湖-鄂陵湖保护分区和星星海保护分区、鄂陵湖国际重要湿地、扎陵湖国际重要湿地、玛多湖国家重要湿地、扎陵湖鄂陵湖花斑裸鲤极边扁咽齿鱼国家级水产种质资源保护区。

黄河源水电站自 1998 年 4 月开工兴建，直至 2016 年 10 月 5 日停止发电至今，相比水电站建设前的原自然生态环境，目前已经形成新的水生和陆生生态环境平衡，上下游湖区的水文情势已达到较稳定状态。

本书主要针对黄河源水电站建设前后生态环境进行了较系统的调查研究，可为三江源国家公园黄河源园区管委会的生态环境保护工作提供技术支持。在以后的研究中，还要进一步对鄂陵湖湖口断面、库区典型断面、星星海湖口断面、黄河沿水文站断面进行地形测量，定量研究黄河源水电站上下游关键断面的水文泥沙情势变化。

参 考 文 献

[1] 蔡延玲.扎陵湖-鄂陵湖保护分区野生植物调查[J].北京农业,2016(3):
109-111.

[2] 段培,鲍敏,张营,等.扎陵湖-鄂陵湖自然保护分区湿地生物群落结构调查
[J].绿色科技,2015(1):1-5.

[3] 段水强,范世雄,曹广超,等.1976—2014年黄河源区湖泊变化特征及成因
分析[J].冰川冻土,2015,37(3):745-756.

[4] 费梁.中国动物志:两栖纲(中卷)无尾目[M].北京:科学出版社,2009.

[5] 何友均.三江源自然保护区主要林区种子植物多样性及其保护研究[D].
北京:北京林业大学,2005.

[6] 胡鸿钧,魏印心.中国淡水藻类:系统、分类及生态[M].北京:科学出版
社,2006.

[7] 李迪强,李建文.三江源生物多样性:三江源自然保护区科学考察报告
[M].北京:中国科学技术出版社,2002.

[8] 马莉贞.青海省珍稀濒危保护植物的地理分布特征[J].草业科学,2012,29
(12):1832-1841.

[9] 马莉贞.青海省珍稀濒危保护植物的区系地理特征及保护现状研究[D].
兰州:兰州大学,2011.

[10] 马世鹏,孙海群.三江源自然保护区湿地种子植物区系分析[J].青海大学
学报(自然科学版),2015,33(4):17-24.

[11] 青海省农业资源区划办公室,中国科学院西北高原生物研究所.青海植
物名录[M].西宁:青海人民出版社,1998.

[12] 史密斯,解焱.中国兽类野外手册[M].长沙:湖南教育出版社,2009.

[13] 王应祥.中国哺乳动物种和亚种分类名录与分布大全[M].北京:中国林
业出版社,2003.

[14] 吴玉虎.鄂陵湖和扎陵湖毗邻地区的野生药用植物[J].中国中药杂志,
1990,15(8):8-10.

[15] 吴征镒,孙航,周浙昆,等.中国种子植物区系地理[M].北京:科学出版社,2010.

[16] 张春霖,张玉玲.青海省札陵湖及大通河的几种鱼类[J].动物学杂志,1965(3):121-123.

[17] 张觉民,何志辉.内陆水域渔业自然资源调查手册[M].北京:农业出版社,1991.

[18] 张荣祖.中国动物地理[M].北京:科学出版社,1999.

[19] 章宗涉,黄祥飞.淡水浮游生物研究方法[M].北京:科学出版社,1991.

[20] 赵尔宓,张学文,赵蕙,等.中国两栖纲和爬行纲动物校正名录[J].四川动物,2000,19(3):196-207.

[21] 郑光美.中国鸟类分类与分布名录[M].2版.北京:科学出版社,2011.

[22] 中国科学院西北高原生物研究所.青海经济植物志[M].西宁:青海人民出版社,1987.

[23] 中国科学院西北高原生物研究所.青海植物志[M].西宁:青海人民出版社,1999.

[24] 周兴民,王质彬,杜庆.青海植被[M].西宁:青海人民出版社,1987.

[25] 周兴民.青海维管束植物的多样性[J].青海环境,2011,21(4):165-169.

附　　录

附录 1　植物样方调查表

样方调查表 1

日期：2018 年 10 月 15 日　　　　　　　　　　样方总面积/m²:1 m×1 m

植被类型	垂穗披碱草草甸	环境特征			
		地形	海拔/m	坡向	坡度/(°)
地点	坝址附近	平地	4 265	—	—
经纬度	35°5′45.87″N、97°54′12.76″E				
1 层	种类组成	生长状况		现场调查照片	
草本层	盖度65%	层均高 0.5 m，以垂穗披碱草为优势种，高度 0.3～0.8 m，盖度 60%，伴生有密花黄芪、西伯利亚蓼、藏北嵩草、青藏蒿、冰草等			

样方调查表 2

日期:2018 年 10 月 15 日　　　　　　　　样方总面积/m²:1 m×1 m

植被类型	紫花针茅草原	环境特征			
		地形	海拔/m	坡向	坡度/(°)
地点	湖口围堰附近	平地	4 277	—	—
经纬度	35°6′37.56″N,97°47′7.96″E				

1 层	种类组成	生长状况	现场调查照片
草本层	盖度60%	层均高 0.4 m,以紫花针茅为优势种,高度 0.4～0.6 m,盖度 42%,伴生有羊茅、镰形棘豆、青藏薹草、西伯利亚蓼等	

样方调查表 3

日期:2018 年 10 月 15 日　　　　　　　　样方总面积/m²:1 m×1 m

植被类型	垫状点地梅垫状植被	环境特征			
		地形	海拔/m	坡向	坡度/(°)
地点	水电站下游河岸	平地	4 262	—	—
经纬度	35°4′59.52″N,97°55′37.37″E				

1 层	种类组成	生长状况	现场调查照片
草本层	盖度30%	层均高 0.4 m,以垫状点地梅为优势种,高度 0.1～0.3 m,盖度 20%,伴生有甘肃棘豆、高山早熟禾、藏野青茅、密花黄芪等	

样方调查表 4

日期:2018 年 10 月 15 日　　　　　　　　　　　样方总面积/m²:1 m×1 m

植被类型	早熟禾草原化草甸	环境特征			
		地形	海拔/m	坡向	坡度/(°)
地点	鄂陵湖西北岸	平地	4 281	—	—
经纬度	35°5′16.00″N、97°45′28.54″E				

1 层	种类组成	生长状况	现场调查照片
草本层	盖度 47%	层均高 0.55 m,以早熟禾为优势种,高度 0.3～0.8 m,盖度 30%,伴生有密花黄芪、垫状点地梅、西伯利亚蓼、青藏薹草、白花蒲公英等	

样方调查表 5

日期:2018 年 10 月 15 日　　　　　　　　　　　样方总面积/m²:1 m×1 m

植被类型	大籽蒿草原	环境特征			
		地形	海拔/m	坡向	坡度/(°)
地点	鄂陵湖西岸	坡地	4 332	WN	3
经纬度	35°3′29.15″N、97°41′50.07″E				

1 层	种类组成	生长状况	现场调查照片
草本层	盖度 56%	层均高 0.5 m,以大籽蒿为优势种,高度 0.3～0.8 m,盖度 35%,伴生有高山野决明、矮火绒草、赖草、早熟禾、紫花针茅等	

样方调查表 6

日期:2018 年 10 月 15 日　　　　　　　　　　样方总面积/m²:1 m×1 m

植被类型	高山野决明草原	环境特征			
		地形	海拔/m	坡向	坡度/(°)
地点	鄂陵湖西岸	坡地	4 381	WN	2
经纬度	34°56′43.55″N、97°34′45.54″E				

1 层	种类组成	生长状况	现场调查照片
草本层	盖度 78%	层均高 0.4 m,以高山野决明为优势种,高度 0.2～0.5 m,盖度 45%,伴生有大籽蒿、羊茅、二裂委陵菜、矮生嵩草、华扁穗草等	

样方调查表 7

日期:2018 年 10 月 16 日　　　　　　　　　　样方总面积/m²:1 m×1 m

植被类型	青藏薹草草原	环境特征			
		地形	海拔/m	坡向	坡度/(°)
地点	扎陵湖与鄂陵湖间河段岸边	平地	4 286	—	—
经纬度	34°49′18.65″N、97°26′41.08″E				

1 层	种类组成	生长状况	现场调查照片
草本层	盖度 40%	层均高 0.2 m,以青藏薹草为优势种,高度 0.1～0.2 m,盖度 38%,伴生有华扁穗草、西伯利亚蓼、大籽蒿、马尿泡等	

样方调查表 8

日期:2018 年 10 月 16 日　　　　　　　　　　　样方总面积/m²:1 m×1 m

植被类型	藏北嵩草草甸	环境特征			
		地形	海拔/m	坡向	坡度/(°)
地点	扎陵湖与鄂陵湖间草地	平地	4 277	—	—
经纬度	34°51′4.97″N,97°27′55.57″E				

1 层	种类组成	生长状况	现场调查照片
草本层	盖度 40%	层均高 0.2 m,以藏北嵩草为优势种,高度 0.2～0.4 m,盖度 38%,伴生有二裂委陵菜、星舌紫菀、矮垂头菊、华扁穗草等	

样方调查表 9

日期:2018 年 10 月 16 日　　　　　　　　　　　样方总面积/m²:1 m×1 m

植被类型	矮生嵩草草甸	环境特征			
		地形	海拔/m	坡向	坡度/(°)
地点	扎陵湖与鄂陵湖间草地	平地	4 287	—	—
经纬度	34°49′35.73″N,97°25′22.74″E				

1 层	种类组成	生长状况	现场调查照片
草本层	盖度 40%	层均高 0.2 m,以矮生嵩草为优势种,高度 0.1～0.3 m,盖度 38%,伴生有白花枝子花、海乳草、囊种草、大籽蒿等	

样方调查表 10

日期:2018 年 10 月 16 日　　　　样方总面积/m²:1 m×1 m

植被类型	垂穗披碱草草甸	环境特征			
		地形	海拔/m	坡向	坡度/(°)
地点	扎陵湖与鄂陵湖间草地	平地	4 284	—	—
经纬度	35°5′45.87″N、97°54′12.76″E				

1 层	种类组成	生长状况	现场调查照片
草本层	盖度85%	层均高 0.6 m,以垂穗披碱草为优势种,高度0.2~0.7 m,盖度70%,伴生有白花枝子花、铁棒锤、华扁穗草、沙生风毛菊等	

样方调查表 11

日期:2018 年 10 月 16 日　　　　样方总面积/m²:5 m×5 m

植被类型	匍匐水柏枝灌丛	环境特征			
		地形	海拔/m	坡向	坡度/(°)
地点	扎陵湖与鄂陵湖间	平地	4 288	—	—
经纬度	34°47′59.15″N、97°27′25.33″E				

2 层	种类组成	生长状况	现场调查照片
灌木层	盖度45%	层均高 0.4 m,以匍匐水柏枝为优势种,高度 0.1~0.5 m,盖度 38%,伴生种较少,偶见有灌木亚菊	
草本层	盖度18%	层均高 0.4 m,无明显优势种,常见种类有白花枝子花、独行菜、垫状点地梅、藏北嵩草等	

样方调查表 12

日期:2018 年 10 月 16 日   样方总面积/m²:1 m×1 m

植被类型	高山野决明草甸	环境特征			
		地形	海拔/m	坡向	坡度/(°)
地点	扎陵湖南岸	坡地	4 322	E	5
经纬度	34°49′16.77″N、97°16′50.45″E				

1层	种类组成	生长状况	现场调查照片
草本层	盖度70%	层均高 0.35 m,以高山野决明为优势种,高度 0.2~0.5 m,盖度 42%,伴生有大籽蒿、垂穗披碱草、海乳草、白花枝子花等	

样方调查表 13

日期:2018 年 10 月 17 日   样方总面积/m²:1 m×1 m

植被类型	沙生风毛菊草甸	环境特征			
		地形	海拔/m	坡向	坡度/(°)
地点	星星海东侧岸边	平地	4 265	—	—
经纬度	34°51′31.75″N、98°7′49.17″E				

1层	种类组成	生长状况	现场调查照片
草本层	盖度65%	层均高 0.3 m,以沙生风毛菊为优势种,高度 0.1~0.4 m,盖度 60%,伴生有紫花针茅、多裂蒲公英、海乳草、青藏薹草等	

样方调查表 14

日期:2018 年 10 月 17 日　　　　　　　　　样方总面积/m²:1 m×1 m

植被类型	大籽蒿草原	环境特征			
		地形	海拔/m	坡向	坡度/(°)
地点	鄂陵湖西岸	坡地	4 332	WN	3
经纬度	35°3′29.15″N、97°41′50.07″E				

1层	种类组成	生长状况	现场调查照片
草本层	盖度56%	层均高 0.5 m,以大籽蒿为优势种,高度0.3~0.8 m,盖度 35%,伴生有高山野决明、矮野青茅、赖草、早熟禾、紫花针茅等	

样方调查表 15

日期:2018 年 10 月 17 日　　　　　　　　　样方总面积/m²:1 m×1 m

植被类型	早熟禾草原化草甸	环境特征			
		地形	海拔/m	坡向	坡度/(°)
地点	星星海湿地	平地	4 227	—	—
经纬度	34°45′29.24″N、98°6′43.99″E				

1层	种类组成	生长状况	现场调查照片
草本层	盖度67%	层均高 0.6 m,以早熟禾为优势种,高度0.5~1.0 m,盖度 48%,伴生有马尿泡、钻叶风毛菊、甘肃马先蒿、白花蒲公英、矮生嵩草等	

样方调查表 16

日期:2018 年 10 月 17 日　　　　　　　　　　　样方总面积/m²:1 m×1 m

植被类型		藏北嵩草草甸	环境特征			
			地形	海拔/m	坡向	坡度/(°)
地点		鄂陵湖北岸	平地	4 263	—	—
经纬度		35°2′30.02″N、98°1′18.77″E				
1 层	种类组成	生长状况	现场调查照片			
草本层	盖度 52%	层均高 0.4 m,以藏北嵩草为优势种,高度 0.2～0.5 m,盖度 36%,伴生有海乳草、早熟禾、垫状点地梅、西伯利亚蓼、密花黄芪等				

样方调查表 17

日期:2018 年 10 月 15 日　　　　　　　　　　　样方总面积/m²:5 m×5 m

植被类型		山生柳灌丛	环境特征			
			地形	海拔/m	坡向	坡度/(°)
地点		星星海东岸山坡	坡地	4 236	E	4
经纬度		34°47′7.23″N、98°6′21.54″E				
2 层	种类组成	生长状况	现场调查照片			
灌木层	盖度 48%	层均高 0.8 m,以山生柳为单一优势种,高度 0.5～1 m,盖度 48%,基本无伴生种				
草本层	盖度 14%	层均高 0.5 m,无明显优势种,常见种类有垂穗披碱草、密花黄芪、马尿泡、铁棒锤、早熟禾等				

样方调查表 18

日期:2018 年 10 月 17 日　　　　　　　　　　　样方总面积/m²:1 m×1 m

植被类型	圆囊薹草沼泽	环境特征			
		地形	海拔/m	坡向	坡度/(°)
地点	星星海北侧黄河岸边	平地	4 221	—	—
经纬度	34°53′7.41″N,98°10′14.35″E				

1 层	种类组成	生长状况	现场调查照片
草本层	盖度 50%	层均高 0.3 m,以圆囊薹草为优势种,高度 0.2～0.5 m,盖度 35%,伴生有藏北嵩草、珠芽蓼、多裂委陵菜、嵩草、羊茅等	

附录 2　主要维管束植物名录

本名录收集了调查区主要维管束植物共计 40 科、163 属、501 种(含种下分类等级,不包括栽培种;下同)。其中,裸子植物 1 科、1 属、1 种;被子植物共39 科、162 属、500 种。科、属、种的排列方式分别是:裸子植物科按照郑万钧分类系统(1978 年)排列,被子植物科按照恩格勒分类系统(1964 年)排列,各科内的属和种均按照各自拉丁名字母顺序排列。

裸子植物门 Gymnospermae

(郑万钧分类系统)

一、麻黄科 Ephedraceae

1. 麻黄属 *Ephedra*

(1) 单子麻黄 *Ephedra monosperma*

被子植物门 Agniospermae

（恩格勒分类系统）

Ⅰ 双子叶植物纲 **Dicotyledonae**

一、杨柳科 Salicaceae

1. 柳属 *Salix*

（1）山生柳 *Salix oritrepha*

（2）贵南柳 *Salix juparica*

（3）光果贵南柳 *Salix juparica* var. *tibetica*

二、荨麻科 **Urticaceae**

2. 荨麻属 *Urtica*

（4）高原荨麻 *Urtica hyperborea*

三、蓼科 **Polygonaceae**

3. 蓼属 *Polygonum*

（5）头花蓼 *Polygonum capitatum*

（6）硬毛蓼 *Polygonum hookeri*

（7）圆穗蓼 *Polygonum macrophyllum*

（8）西伯利亚蓼 *Polygonum sibiricum*

（9）细叶西伯利亚蓼 *Polygonum sibiricum* var. *Thomsonii*

（10）细叶蓼 *Polygonum taquetii*

（11）珠芽蓼 *Polygonum viviparum*

4. 大黄属 *Rheum*

（12）歧穗大黄 *Rheum przewalskyi*

（13）穗序大黄 *Rheum spiciforme*

（14）小大黄 *Rheum pumilum*

四、藜科 **Chenopodiaceae**

5. 滨藜属 *Atriplex*

（15）中亚滨藜 *Atriplex centralasiatica*

6. 轴藜属 *Axyris*

（16）平卧轴藜 *Axyris prostrata*

7. 驼绒藜属 *Krascheninnikovia*

（17）驼绒藜 *Krascheninnikovia ceratoides*

（18）垫状驼绒藜 *Ceratoides compacta*

8. 藜属 *Chenopodium*

（19）菊叶香藜 *Chenopodium foetidum*

（20）藜 *Chenopodium album*

（21）小白藜 *Chenopodium iljinii*

9. 猪毛菜属 *Salsola*

（22）猪毛菜 *Salsola collina*

10. 盐生草属 *Halogeton*

（23）白茎盐生草 *Halogeton arachnoideus*

11. 梭梭属 *Haloxylon*

（24）梭梭 *Haloxylon ammodendron*

12. 碱蓬属 *Suaeda*

（25）角果碱蓬 *Suaeda corniculata*

（26）碱蓬 *Suaeda glauca*

五、石竹科 **Caryophyllaceae**

13. 无心菜属 *Arenaria*

（27）藓状雪灵芝 *Arenaria bryophylla*

（28）西南无心菜 *Arenaria forrestii*

（29）甘肃雪灵芝 *Arenaria kansuensis*

（30）黑蕊无心菜 *Arenaria melanandra*

（31）漆姑无心菜 *Arenaria saginoides*

14. 卷耳属 *Cerastium*

（32）簇生卷耳 *Cerastium fontanum* subsp. *triviale*

15. 蝇子草属 *Silene*

（33）无瓣女类菜 *Silene uralensis*

（34）喜马拉雅蝇子草 *Silene himalayensis*

（35）女娄菜 *Silene aprica*

（36）腺毛蝇子草 *Silene yetii*

（37）囊谦蝇子草 *Silene nangqenensis*

（38）细蝇子草 *Silene gracilicaulis*

16. 囊种草属 *Thylacospermum*

（39）囊种草 *Thylacospermum caespitosum*

六、毛茛科 Ranunculaceae

17. 乌头属 *Aconitum*

（40）露蕊乌头 *Aconitum gymnandrum*

（41）铁棒锤 *Aconitum pendulum*

（42）伏毛铁棒锤 *Aconitum flavum*

（43）甘青乌头 *Aconitum tanguticum*

18. 侧金盏花属 *Adonis*

（44）蓝侧金盏花 *Adonis coerulea*

19. 银莲花属 *Anemone*

（45）叠裂银莲花 *Anemone imbricata*

（46）草玉梅 *Anemone rivularis*

20. 水毛茛属 *Batrachium*

（47）水毛茛 *Batrachium bungei*

21. 驴蹄草属 *Caltha*

（48）花葶驴蹄草 *Caltha scaposa*

22. 铁线莲属 *Clematis*

（49）黄花铁线莲 *Clematis intricata*

（50）甘青铁线莲 *Clematis tangutica*

23. 翠雀属 *Delphinium*

（51）白蓝翠雀花 *Delphinium albocoeruleum*

（52）蓝翠雀花 *Delphinium caeruleum*

（53）单花翠雀花 *Delphinium candelabrum* var. *Monanthum*

（54）密花翠雀花 *Delphinium densiflorum*

（55）展毛翠雀花 *Delphinium kamaonense* var. *glabrescens*

（56）大通翠雀花 *Delphinium pylzowii*

（57）三果大通翠雀花 *Delphinium pylzowii* var. *trigynum*

24. 碱毛茛属 *Halerpestes*

（58）三裂碱毛茛 *Halerpestes tricuspis*

25. 鸦跖花属 *Oxygraphis*

(59) 鸦跖花 *Oxygraphis glacialis*

26. 毛茛属 *Ranunculus*

(60) 鸟足毛茛 *Ranunculus brotherusii*

(61) 云生毛茛 *Ranunculus longicaulis* var. *nephelogenes*

(62) 棉毛茛 *Ranunculus membranaceus*

(63) 苞毛茛 *Ranunculus involucratus*

(64) 美丽毛茛 *Ranunculus pulchellus*

(65) 高原毛茛 *Ranunculus tanguticus*

27. 唐松草属 *Thalictrum*

(66) 高山唐松草 *Thalictrum alpinum*

(67) 瓣蕊唐松草 *Thalictrum petaloideum*

(68) 芸香叶唐松草 *Thalictrum rutifolium*

28. 金莲花属 *Trollius*

(69) 矮金莲花 *Trollius farreri*

(70) 青藏金莲花 *Trollius pumilus* var. *tanguticus*

29. 星叶草属 *Circaeaster*

(71) 星叶草 *Circaeaster agrestis*

七、罂粟科 **Papaveraceae**

30. 紫堇属 *Stewartia*

(72) 灰绿黄堇 *Corydalis adunca*

(73) 叠裂黄堇 *Corydalis dasyptera*

(74) 条裂黄堇 *Corydalis linarioides*

(75) 尖突黄堇 *Corydalis mucronifera*

(76) 粗糙紫堇 *Corydalis scaberula*

(77) 直立黄堇 *Corydalis stricta*

31. 角茴香属 *Hypecoum*

(78) 细果角茴香 *Hypecoum leptocarpum*

32. 绿绒蒿属 *Meconopsis*

(79) 多刺绿绒蒿 *Meconopsis horridula*

(80) 总状花绿绒蒿 *Meconopsis racemosa*

(81) 红花绿绒蒿 *Meconopsis punicea*

八、十字花科 Cruciferae

33. 南芥属 *Arabis*

（82）垂果南芥 *Arabis pendula*

34. 肉叶荠属 *Braya*

（83）西藏肉叶荠 *Braya tibetica*

35. 荠属 *Capsella*

（84）荠 *Capsella bursa-pastoris*

36. 碎米蕨属 *Cheilosoria*

（85）紫花碎米荠 *Cardamine tangutorum*

37. 桂竹香属 *Cheiranthus*

（86）红紫桂竹香 *Cheiranthus roseus*

38. 播娘蒿属 *Descurainia*

（87）播娘蒿 *Descurainia sophia*

39. 双脊荠属 *Dilophia*

（88）无苞双脊荠 *Dilophia ebracteata*

（89）盐泽双脊荠 *Dilophia salsa*

40. 花旗杆属 *Dontostemon*

（90）腺花旗杆 *Dontostemon dentatus* var. *glandulosus*

41. 葶苈属 *Draba*

（91）阿尔泰葶苈 *Draba altaica*

（92）苞叶阿尔泰葶苈 *Draba altaica* var. *modesta*

（93）毛葶苈 *Draba eriopoda*

（94）球果葶苈 *Draba glomerata*

（95）灰白葶苈 *Draba incana*

（96）苞序葶苈 *Draba ladyginii*

（97）毛果苞序葶苈 *Draba ladyginii* var. *trichocarpa*

（98）光锥果葶苈 *Draba lanceolata* var. *Leiocarpa*

（99）光果毛叶葶苈 *Draba lasiophylla* var. *leiocarpa*

（100）喜山葶苈 *Draba oreades*

（101）矮喜山葶苈 *Draba oreades* var. *commutata*

42. 糖芥属 *Erysimum*

（102）紫花糖芥 *Erysimum chamaephyton*

（103）山柳菊叶糖芥 *Erysimum hieraciifolium*

43. 山萮菜属 *Eutrema*

（104）西北山萮菜 *Eutrema edwardsii*

（105）密序山萮菜 *Eutrema heterophyllum*

44. 藏荠属 *Hedinia*

（106）藏荠 *Hedinia tibetica*

45. 独行菜属 *Lepidium*

（107）独行菜 *Lepidium apetalum*

（108）头花独行菜 *Lepidium capitatum*

46. 豆瓣菜属 *Nasturtium*

（109）西藏豆瓣菜 *Nasturtium tibeticum*

47. 菥蓂属 *Thlaspi*

（110）菥蓂 *Thlaspi arvense*

48. 念珠芥属 *Torularia*

（111）蚓果芥 *Neotorularia humilis*

（112）窄叶蚓果芥 *Torularia humilis* f. *angustifolia*

九、景天科 **Crassulaceae**

49. 景天属 *Sedum*

（113）隐匿景天 *Sedum celatum*

（114）高原景天 *Sedum przewalskii*

50. 红景天属 *Rhodiola*

（115）大花红景天 *Rhodiola crenulata*

（116）长鞭红景天 *Rhodiola fastigiata*

（117）喜马红景天 *Rhodiola himalensis*

（118）狭叶红景天 *Rhodiola kirilowii*

（119）唐古特红景天 *Rhodiola tangutica*

（120）四裂红景天 *Rhodiola quadrifida*

（121）西藏红景天 *Rhodiola tibetica*

十、虎耳草科 **Saxifragaceae**

51. 金腰属 *Chrysosplenium*

（122）裸茎金腰 *Chrysosplenium nudicaule*

（123）单花金腰 *Chrysosplenium uniflorum*

52. 梅花草属 *Parnassia*

（124）藏北梅花草 *Parnassia filchneri*

53. 虎耳草属 *Saxifraga*

（125）黑虎耳草 *Saxifraga atrata*

（126）零余虎耳草 *Saxifraga cernua*

（127）冰雪虎耳草 *Saxifraga glacialis*

（128）黑蕊虎耳草 *Saxifraga melanocentra*

（129）小芽虎耳草 *Saxifraga gemmuligera*

（130）山地虎耳草 *Saxifraga montana*

（131）小虎耳草 *Saxifraga parva*

（132）青藏虎耳草 *Saxifraga przewalskii*

（133）狭瓣虎耳草 *Saxifraga pseudohirculus*

（134）西南虎耳草 *Saxifraga signata*

（135）唐古特虎耳草 *Saxifraga tangutica*

（136）西藏虎耳草 *Saxifraga tibetica*

（137）爪瓣虎耳草 *Saxifraga unguiculata*

十一、蔷薇科 **Rosaceae**

54. 无尾果属 *Coluria*

（138）无尾果 *Coluria longifolia*

55. 沼委陵菜属 *Comarum*

（139）西北沼委陵菜 *Comarum salesovianum*

56. 委陵菜属 *Potentilla*

（140）鹅绒委陵菜 *Potentilla anserina*

（141）蕨麻 *Potentilla anserina*

（142）二裂委陵菜 *Potentilla bifurca*

（143）矮生二裂委陵菜 *Potentilla bifurca* var. *humilior*

（144）多裂委陵菜 *Potentilla multifidi*

（145）掌叶多裂委陵菜 *Potentilla multifidi* var. *ornithopoda*

（146）金露梅 *Dasiphora fruticosa*

（147）多茎委陵菜 *Potentilla multicaulis*

（148）小叶金露梅 *Potentilla parvifolia*

（149）钉柱委陵菜 *Potentilla saundersiana*

（150）绢毛委陵菜 *Potentilla sericea*

57. 绣线菊属 *Spiraea*

（151）高山绣线菊 *Spiraea alpina*

十二、豆科 Leguminosae

58. 黄芪属 *Astragalus*

（152）直立黄芪 *Astragalus adsurgens*

（153）丛生黄芪 *Astragalus confertus*

（154）密花黄芪 *Astragalus densiflorus*

（155）格尔木黄芪 *Astragalus gelmuensis*

（156）头序黄芪 *Astragalus handelii*

（157）西北黄芪 *Astragalus fenzelianus*

（158）马衔山黄芪 *Astragalus mahoschanicus*

（159）雪地黄芪 *Astragalus nivalis*

（160）线苞黄芪 *Astragalus pastorius* var. *linearibracteatus*

（161）多枝黄芪 *Astragalus polycladus*

（162）黑紫花黄芪 *Astragalus przewalskii*

（163）肾形子黄芪 *Astragalus skythropos*

（164）云南黄芪 *Astragalus yunnanensis*

59. 锦鸡儿属 *Caragana*

（165）短叶锦鸡儿 *Caragana brevifolia*

（166）鬼箭锦鸡儿 *Caragana jubata*

60. 苜蓿属 *Medicago*

（167）天蓝苜蓿 *Medicago lupulina*

61. 棘豆属 *Oxytropis*

（168）急弯棘豆 *Oxytropis deflexa*

（169）密丛棘豆 *Oxytropis densa*

（170）镰荚棘豆 *Oxytropis falcata*

（171）冰川棘豆 *Oxytropis glacialis*

（172）小花棘豆 *Oxytropis glabra*

（173）宽苞棘豆 *Oxytropis latibracteata*

（174）密花棘豆 *Oxytropis pseudocoerulea*

（175）甘肃棘豆 *Oxytropis kansuensis*

（176）黑萼棘豆 *Oxytropis melanocalyx*

（177）胀果棘豆 *Oxytropis stracheyana*

（178）黄花棘豆 *Oxytropis ochrocephala*

（179）少花棘豆 *Oxytropis pauciflora*

62. 野决明属 *Thermopsis*

（180）披针叶野决明 *Thermopsis lanceolata*

（181）高山野决明 *Thermopsis alpine*

（182）胀果野决明 *Thermopsis inflata*

63. 高山豆属 *Tibetia*

（183）高山豆 *Tibetia himalaica*

十三、牻牛儿苗科 **Geraniaceae**

64. 老鹳草属 *Geranium*

（184）甘青老鹳草 *Geranium pylzowianum*

十四、大戟科 **Euphorbiaceae**

65. 大戟属 *Euphorbia*

（185）青藏大戟 *Euphorbia altotibetica*

（186）甘肃大戟 *Euphorbia kansuensis*

十五、柽柳科 **Tamaricaceae**

66. 水柏枝属 *Myricaria*

（187）具鳞水柏枝 *Myricaria squamosa*

（188）匍匐水柏枝 *Myricaria prostrata*

十六、瑞香科 **Thymelaeaceae**

67. 狼毒属 *Stellera*

（189）狼毒 *Stellera chamaejasme*

十七、堇菜科 **Violaceae**

68. 堇菜属 *Viola*

（190）鳞茎堇菜 *Viola bulbosa*

（191）西藏堇菜 *Viola kunawarensis*

十八、柳叶菜科 **Onagraceae**

69. 柳叶菜属 *Epilobium*
（192）沼生柳叶菜 *Epilobium palustre*

十九、小二仙科 **Haloragidaceae**

70. 狐尾藻属 *Myriophyllum*
（193）穗状狐尾藻 *Myriophyllum spicatum*

二十、杉叶藻科 **Hippuridaceae**

71. 杉叶藻属 *Hippuris*
（194）杉叶藻 *Hippuris vulgaris*

二十一、伞形科 **Umbelliferae**

72. 柴胡属 *Bupleurum*
（195）簇生柴胡 *Bupleurum condensatum*
73. 矮泽芹属 *Chamaesium*
（196）矮泽芹 *Chamaesium paradoxum*
（197）松潘矮泽芹 *Chamaesium thalictrifolium*
74. 独活属 *Heracleum*
（198）裂叶独活 *Heracleum millefolium*
75. 藁本属 *Ligusticum*
（199）长茎藁本 *Ligusticum thomsonii*
76. 羌活属 *Notopterygium*
（200）羌活 *Notopterygium incisum*
77. 棱子芹属 *Pleurospermum*
（201）垫状棱子芹 *Pleurospermum hedinii*
（202）西藏棱子芹 *Pleurospermum hookeri* var. *thomsonii*
（203）青藏棱子芹 *Pleurospermum pulszkyi*
（204）康定棱子芹 *Pleurospermum prattii*
78. 舟瓣芹属 *Sinolimprichtia*
（205）舟瓣芹 *Sinolimprichtia alpina*

79. 迷果芹属 *Sphallerocarpus*
（206）迷果芹 *Sphallerocarpus gracilis*

二十二、报春花科 Primulaceae

80. 点地梅属 *Androsace*
（207）玉门点地梅 *Androsace brachystegia*
（208）直立点地梅 *Androsace erecta*
（209）小点地梅 *Androsace gmelinii*
（210）西藏点地梅 *Androsace mariae*
（211）鳞叶点地梅 *Androsace squarrosula*
（212）垫状点地梅 *Androsace tapete*
（213）高原点地梅 *Androsace zambalensis*
81. 海乳草属 *Glaux*
（214）海乳草 *Glaux maritima*
82. 羽叶点地梅属 *Pomatosace*
（215）羽叶点地梅 *Pomatosace filicula*
83. 报春花属 *Primula*
（216）束花粉报春 *Primula fasciculate*
（217）苞芽粉报春 *Primula gemmifera*
（218）天山报春 *Primula nutans*
（219）甘青报春 *Primula tangutica*
（220）青海报春 *Primula qinghaiensis*

二十三、白花丹科 Plumbaginaceae

84. 补血草属 *Limonium*
（221）黄花补血草 *Limonium aureum*

二十四、龙胆科 Gentianaceae

85. 喉毛花属 *Comastoma*
（222）镰萼喉毛花 *Comastoma falcatum*
（223）长梗喉毛花 *Comastoma pedunculatum*
（224）喉毛花 *Comastoma pulmonarium*

86. 龙胆属 *Gentiana*

（225）刺芒龙胆 *Gentiana aristata*

（226）白条纹龙胆 *Gentiana burkillii*

（227）蓝灰龙胆 *Gentiana caerulaogrisea*

（228）西域龙胆 *Gentiana*

（229）达乌里秦艽 *Gentiana dahurica*

（230）线叶龙胆 *Gentiana farreri*

（231）南山龙胆 *Gentiana grumii*

（232）蓝白龙胆 *Gentiana leucomelaena*

（233）云雾龙胆 *Gentiana nubigena*

（234）偏翅龙胆 *Gentiana pudica*

（235）管花秦艽 *Gentiana siphonantha*

（236）鳞叶龙胆 *Gentiana squarrosa*

（237）麻花艽 *Gentiana straminea*

（238）大花龙胆 *Gentiana szechenyii*

（239）三歧龙胆 *Gentiana trichotoma*

（240）蓝玉簪龙胆 *Gentiana veitchiorum*

87. 扁蕾属 *Gentianopsis*

（241）扁蕾 *Gentianopsis barbata*

（242）细萼扁蕾 *Gentianopsis barbata* var. *stenocalyx*

（243）湿生扁蕾 *Gentianopsis paludosa*

88. 肋柱花属 *Lomatogonium*

（244）肋柱花 *Lomatogonium carinthiacum*

89. 獐牙菜属 *Swertia*

（245）四数獐牙菜 *Swertia tetraptera*

（246）华北獐牙菜 *Swertia wolfgangiana*

二十五、紫草科 **Boraginaceae**

90. 糙草属 *Asperugo*

（247）糙草 *Asperugo procumbens*

91. 颈果草属 *Metaeritrichium*

（248）颈果草 *Metaeritrichium microuloides*

92. 微孔草属 *Microula*

(249) 微孔草 *Microula sikkimensis*

(250) 西藏微孔草 *Microula tibetica*

(251) 小花西藏微孔草 *Microula tibetica* var. *pratensis*

(252) 长叶微孔草 *Microula trichocarpa*

93. 附地菜属 *Trigonotis*

(253) 附地菜 *Trigonotis peduncularis*

(254) 西藏附地菜 *Trigonotis tibetica*

二十六、唇形科 **Labiatae**

94. 筋骨草属 *Ajuga*

(255) 白苞筋骨草 *Ajuga lupulina*

95. 青兰属 *Dracocephalum*

(256) 白花枝子花 *Dracocephalum heterophyllum*

(257) 甘青青兰 *Dracocephalum tanguticum*

96. 香薷属 *Elsholtzia*

(258) 密花香薷 *Elsholtzia densa*

97. 荆芥属 *Nepeta*

(259) 蓝花荆芥 *Nepeta coerulescens*

(260) 康藏荆芥 *Nepeta prattii*

98. 鼠尾草属 *Salvia*

(261) 粘毛鼠尾草 *Salvia roborowskii*

二十七、茄科 **Solanaceae**

99. 山莨菪属 *Anisodus*

(262) 山莨菪 *Anisodus tanguticus*

100. 马尿泡属 *Przewalskia*

(263) 马尿泡 *Przewalskia tangutica*

二十八、玄参科 **Scrophulariaceae**

101. 兔耳草属 *Lagotis*

(264) 短穗兔耳草 *Lagotis brachystachya*

(265) 圆穗兔耳草 *Lagotis ramalana*

102. 马先蒿属 *Pedicularis*

（266）阿拉善马先蒿 *Pedicularis alaschanica*

（267）碎米蕨马先蒿 *Pedicularis cheilanthifolia*

（268）鹅首马先蒿 *Pedicularis chenocephala*

（269）硕大马先蒿 *Pedicularis ingens*

（270）甘肃马先蒿 *Pedicularis kansuensis*

（271）青海马先蒿 *Pedicularis qinghaiensis*

（272）毛颏马先蒿 *Pedicularis lasiophrys*

（273）华马先蒿 *Pedicularis oederi* var. *sinensis*

（274）普氏马先蒿 *Pedicularis przewalskii*

（275）假弯管马先蒿 *Pedicularis pseudocurvituba*

（276）大唇马先蒿 *Pedicularis rhinanthoides*

（277）三叶马先蒿 *Pedicularis ternata*

（278）轮叶马先蒿 *Pedicularis verticillata*

103. 婆婆纳属 *Veronica*

（279）长果婆婆纳 *Veronica ciliata*

（280）丝梗婆婆纳 *Veronica filipes*

104. 角蒿属 *Incarvillea*

（281）密花角蒿 *Incarvillea compacta*

105. 列当属 *Orobanche*

（282）弯管列当 *Orobanche cernua*

二十九、车前科 **Plantaginaceae**

106. 车前属 *Plantago*

（283）平车前 *Plantago depressa*

（284）大车前 *Plantago major*

三十、茜草科 **Rubiaceae**

107. 拉拉藤属 *Galium*

（285）拉拉藤 *Galium aparine* var. *echinospermum*

（286）准噶尔拉拉藤 *Galium soongoricum*

三十一、忍冬科 Caprifoliaceae

108. 忍冬属 *Lonicera*

（287）矮生忍冬 *Lonicera minuta*

（288）岩生忍冬 *Lonicera rupicola*

三十二、菊科 Compositae

109. 亚菊属 *Ajania*

（289）灌木亚菊 *Ajania fruticulosa*

（290）亚菊 *Ajania pallasiana*

110. 香青属 *Anaphalis*

（291）青海香青 *Anaphalis bicolor* var. *kokonorica*

（292）淡黄香青 *Anaphalis flavescens*

（293）铃铃香青 *Anaphalis hancockii*

（294）乳白香青 *Anaphalis lactea*

111. 蒿属 *Artemisia*

（295）碱蒿 *Artemisia anethifolia*

（296）黄花蒿 *Artemisia annua*

（297）绒毛蒿 *Artemisia campbellii*

（298）纤杆蒿 *Artemisia demissa*

（299）沙蒿 *Artemisia desertorum*

（300）牛尾蒿 *Artemisia dubia*

（301）青藏蒿 *Artemisia duthreuil-de-rhinsi*

（302）冷蒿 *Artemisia frigida*

（303）细裂叶莲蒿 *Artemisia gmelinii*

（304）臭蒿 *Artemisia hedinii*

（305）垫型蒿 *Artemisia minor*

（306）小球花蒿 *Artemisia moorcroftiana*

（307）昆仑蒿 *Artemisia nanschanica*

（308）大籽蒿 *Artemisia sieversiana*

112. 紫菀属 *Aster*

（309）星舌紫菀 *Aster asteroides*

（310）柔软紫菀 *Aster flaccidus*

（311）灰枝紫菀 *Aster poliothamnus*

113. 垂头菊属 *Cremanthodium*

（312）褐毛垂头菊 *Cremanthodium brunneopilosum*

（313）盘花垂头菊 *Cremanthodium discoideum*

（314）车前状垂头菊 *Cremanthodium ellisii*

（315）矮垂头菊 *Cremanthodium humile*

（316）条叶垂头菊 *Cremanthodium lineare*

114. 还阳参属 *Crepis*

（317）还阳参 *Crepis rigescens*

（318）弯茎还阳参 *Crepis flexuosa*

115. 多榔菊属 *Doronicum*

（319）阿尔泰多榔菊 *Doronicum altaicum*

116. 狗娃花属 *Heteropappus*

（320）阿尔泰狗娃花 *Heteropappus altaicus*

（321）青藏狗娃花 *Heteropappus bowerii*

（322）圆齿狗娃花 *Heteropappus crenatifolius*

117. 火绒草属 *Leontopodium*

（323）火绒草 *Leontopodium leontopodioides*

（324）矮火绒草 *Leontopodium nanum*

（325）弱小火绒草 *Leontopodium pusillum*

118. 橐吾属 *Ligularia*

（326）掌叶橐吾 *Ligularia przewalskii*

（327）黄帚橐吾 *Ligularia virgaurea*

119. 风毛菊属 *Saussurea*

（328）黑苞风毛菊 *Saussurea melanotricha*

（329）沙生风毛菊 *Saussurea arenaria*

（330）青藏风毛菊 *Saussurea haoi*

（331）异色风毛菊 *Saussurea brunneopilosa*

（332）昆仑雪兔子 *Saussurea depsangensis*

（333）达乌里风毛菊 *Saussurea davurica*

（334）球苞雪莲 *Saussurea globosa*

（335）鼠麴雪兔子 *Saussurea gnaphalodes*

（336）黑毛雪兔子 *Saussurea hypsipeta*

（337）重齿风毛菊 *Saussurea katochaete*

（338）皱叶风毛菊 *Saussurea malitiosa*

（339）水母雪兔子 *Saussurea medusa*

（340）小风毛菊 *Saussurea minuta*

（341）苞叶风毛菊 *Saussurea obvallata*

（342）褐花雪莲 *Saussurea phaeantha*

（343）星状雪兔子 *Saussurea stella*

（344）钻叶风毛菊 *Saussurea subulata*

（345）尖苞风毛菊 *Saussurea subulisquama*

（346）美丽风毛菊 *Saussurea pulchra*

（347）西藏风毛菊 *Saussurea tibetica*

（348）唐古特雪莲 *Saussurea tangutica*

（349）草甸雪兔子 *Saussurea thoroldii*

120. 千里光属 *Senecio*

（350）高原千里光 *Senecio diversipinnus*

（351）天山千里光 *Senecio thianschanicus*

121. 苦荬苣菜属 *Sonchus*

（352）苣荬菜 *Sonchus wightianus*

（353）苦苣菜 *Sonchus oleraceus*

122. 绢毛苣属 *Soroseris*

（354）糖芥绢毛菊 *Soroseris erysimoides*

（355）团伞绢毛菊 *Soroseris glomerata*

123. 蒲公英属 *Taraxacum*

（356）多裂蒲公英 *Taraxacum dissectum*

（357）亚洲蒲公英 *Taraxacum asiaticum*

（358）蒲公英 *Taraxacum mongolicum*

（359）白花蒲公英 *Taraxacum leucanthum*

（360）白缘蒲公英 *Taraxacum platypecidum*

124. 狗舌草属 *Tephroseris*

（361）橙红狗舌草 *Tephroseris rufa*

125. 黄缨菊属 *Xanthopappus*

（362）黄缨菊 *Xanthopappus subacaulis*

126. 黄鹌菜属 *Youngia*

(363) 无茎黄鹌菜 *Youngia simulatrix*

Ⅱ　单子叶植物纲 **Monocotyledoneae**

三十三、眼子菜科 **Potamogetonaceae**

127. 眼子菜属 *Potamogeton*

(364) 帕米尔眼子菜 *Potamogeton pamiricus*

(365) 篦齿眼子菜 *Potamogeton pectinatus*

(366) 穿叶眼子菜 *Potamogeton perfoliatus*

三十四、水麦冬科 **Juncaginaceae**

128. 水麦冬属 *Triglochin*

(367) 海韭菜 *Triglochin maritimum*

(368) 水麦冬 *Triglochin palustre*

三十五、禾本科 **Gramineae**

129. 芨芨草属 *Achnatherum*

(369) 醉马草 *Achnatherum inebrians*

(370) 光药芨芨草 *Achnatherum psilantherum*

(371) 羽茅 *Achnatherum sibiricum*

(372) 芨芨草 *Achnatherum splendens*

130. 冰草属 *Agropyron*

(373) 冰草 *Agropyron cristatum*

131. 剪股颖属 *Agrostis*

(374) 甘青剪股颖 *Agrostis hugoniana*

(375) 川西剪股颖 *Agrostis hugoniana* var. *aristata*

132. 燕麦属 *Avena*

(376) 野燕麦 *Avena fatua*

(377) 光稃野燕麦 *Avena fatua* var. *glabrata*

133. 沿沟草属 *Catabrosa*

(378) 沿沟草 *Catabrosa aquatica*

134. 发草属 *Deschampsia*

（379）发草 *Deschampsia caespitosa*

（380）穗发草 *Deschampsia koelerioides*

（381）短枝发草 *Deschampsia cespitosa* subsp. *Ivanovae*

135. 野青茅属 *Deyeuxia*

（382）黄花野青茅 *Deyeuxia arundinacea*

（383）野青茅 *Deyeuxia tibetica*

（384）矮野青茅 *Deyeuxia tibetica* var. *przevalskyi*

136. 披碱草属 *Elymus*

（385）黑紫披碱草 *Elymus atratu*

（386）短芒披碱草 *Elymus breviaristatus*

（387）披碱草 *Elymus dahuricus*

（388）垂穗披碱草 *Elymus nutans*

（389）老芒麦 *Elymus sibiricus*

137. 羊茅属 *Festuca*

（390）短叶羊茅 *Festuca brachyphylla*

（391）矮羊茅 *Festuca coelestis*

（392）微药羊茅 *Festuca nitidula*

（393）羊茅 *Festuca ovina*

（394）紫羊茅 *Festuca rubra*

（395）毛稃羊茅 *Festuca kirilowii*

（396）中华羊茅 *Festuca sinensis*

138. 异燕麦属 *Helictotrichon*

（397）异燕麦 *Helictotrichon hookeri*

（398）藏异燕麦 *Helictotrichon tibeticum*

（399）疏花异燕麦 *Helictotrichon tibeticum* var. *laxiflorum*

139. 茅香属 *Hierochloe*

（400）茅香 *Hierochloe odorata*

（401）毛鞘茅香 *Hierochloe odorata* var. *pubescens*

140. 以礼草属 *Kengyilia*

（402）卵颖以礼草 *Kengyilia eremopyroides*

（403）黑药以礼草 *Kengyilia melanthera*

（404）糙毛以礼草 *Kengyilia hirsuta*

（405）大河坝黑药草 *Roegneria melanthera* var. *tahopaica*

（406）梭罗草 *Kengyilia thoroldiana*

141. 洽草属 *Koeleria*

（407）洽草 *Koeleria macrantha*

（408）小花洽草 *Koeleria cristata* var. *poaeformis*

（409）芒洽草 *Koeleria litvinowii*

（410）矮洽草 *Koeleria litvinovii* var. *tafelii*

142. 赖草属 *Leymus*

（411）羊草 *Leymus chinensis*

（412）窄颖赖草 *Leymus angustus*

（413）弯曲赖草 *Leymus flexus*

（414）赖草 *Leymus secalinus*

143. 扇穗茅属 *Littledalea*

（415）扇穗茅 *Littledalea racemose*

（416）藏扇穗茅 *Littledalea tibetica*

144. 臭草属 *Melica*

（417）甘青臭草 *Melica tangutorum*

（418）抱草 *Melica virgata*

145. 固沙草属 *Orinus*

（419）青海固沙草 *Orinus kokonorica*

146. 芦苇属 *Phragmites*

（420）芦苇 *Phragmites australis*

147. 狼尾草属 *Pennisetum*

（421）白草 *Pennisetum flaccidum*

148. 早熟禾属 *Poa*

（422）早熟禾 *Poa annua*

（423）胎生早熟禾 *Poa sinattenuata* var. *vivipara*

（424）波密早熟禾 *Poa bomiensis*

（425）小早熟禾 *Poa parvissima*

（426）冷地早熟禾 *Poa crymophila*

（427）垂枝早熟禾 *Poa szechuensis* var. *debilior*

（428）长秆早熟禾 *Poa pratensis* subsp. *staintonii*

（429）光盘早熟禾 *Poa elanata*

（430）山地早熟禾 *Poa versicolor* subsp. *orinosa*

（431）少叶早熟禾 *Poa paucifolia*

（432）宿生早熟禾 *Poa perennis*

（433）波伐早熟禾 *Poa albertii* subsp. *poophagorum*

（434）草地早熟禾 *Poa pratensis*

（435）西藏早熟禾 *Poa tibetica*

（436）套鞘早熟禾 *Poa tunicata*

149. 棒头草属 *Polypogon*

（437）长芒棒头草 *Polypogon monspeliensis*

150. 细柄茅属 *Ptilagrostis*

（438）太白细柄茅 *Ptilagrostis concinna*

（439）双叉细柄茅 *Ptilagrostis dichotoma*

（440）小花细柄茅 *Ptilagrostis dichotoma* var. *roshevitsiana*

（441）窄穗细柄茅 *Ptilagrostis junatovii*

151. 碱茅属 *Puccinellia*

（442）展穗碱茅 *Puccinellia diffusa*

（443）毛稃碱茅 *Puccinellia dolicholepis*

（444）高山碱茅 *Puccinellia hackeliana*

（445）星星草 *Puccinellia tenuiflora*

152. 鹅观草属 *Roegneria*

（446）芒颖鹅观草 *Roegneria aristiglumis*

（447）短颖鹅观草 *Roegneria breviglumis*

（448）短柄鹅观草 *oegneria brevipes*

（449）岷山鹅观草 *Roegneria dura*

（450）垂穗鹅观草 *Roegneria nutans*

（451）贫花鹅观草 *Roegneria pauciflora*

（452）高山鹅观草 *Roegneria tschimganica*

153. 针茅属 *Stipa*

（453）异针茅 *Stipa aliena*

（454）短花针茅 *Stipa breviflora*

（455）长芒草 *Stipa bungeana*

（456）大针茅 *Stipa grandis*

（457）西北针茅 *Stipa sareptana* var. *krylovii*

（458）羽柱针茅 *Stipa subsessiliflora* var. *basiplumosa*

（459）疏花针茅 *Stipa penicillata*

（460）毛疏花针茅 *Stipa penicillata* var. *hirsuta*

（461）紫花针茅 *Stipa purpurea*

154. 锋芒草属 *Tragus*

（462）锋芒草 *Tragus racemosus*

155. 三毛草属 *Trisetum*

（463）长穗三毛草 *Trisetum clarkei*

（464）穗三毛 *Trisetum spicatum*

（465）蒙古穗三毛 *Trisetum spicatum* subsp. *mongolicum*

（466）喜马拉雅穗三毛 *Trisetum spicatum* subsp. *virescens*

三十六、莎草科 Cyperaceae

156. 扁穗草属 *Brylkinia*

（467）华扁穗草 *Blysmus sinocompressus*

157. 薹草属 *Carex*

（468）圆穗薹草 *Carex angarae*

（469）黑褐薹草 *Carex atrofusca* subsp. *minor*

（470）尖鳞薹草 *Carex atrata* subsp. *pullata*

（471）密生薹草 *Carex crebra*

（472）无脉薹草 *Carex enervis*

（473）甘肃薹草 *Carex kansuensis*

（474）青藏薹草 *Carex moorcroftii*

（475）圆囊薹草 *Carex orbicularis*

（476）红棕薹草 *Carex przewalski*

（477）糙喙薹草 *Carex scabrirostris*

（478）干生薹草 *Carex aridula*

158. 嵩草属 *Kobresia*

（479）嵩草 *Kobresia myosuroides*

（480）线叶嵩草 *Kobresia capillifolia*

（481）矮生嵩草 *Kobresia humilis*

（482）细叶嵩草 *Kobresia filifolia*

（483）藏北嵩草 *Kobresia littledalei*

（484）高原嵩草 *Kobresia pusilla*

（485）高山嵩草 *Kobresia pygmaea*

（486）粗壮嵩草 *Kobresia robusta*

（487）喜马拉雅嵩草 *Kobresia royleana*

（488）西藏嵩草 *Kobresia tibetica*

（489）短轴嵩草 *Kobresia vidua*

三十七、灯心草科 Juncaceae

159. 灯心草属 *Juncus*

（490）小灯心草 *Juncus bufonius*

（491）展苞灯心草 *Juncus thomsonii*

三十八、百合科 Liliaceae

160. 葱属 *Allium*

（492）蓝苞葱 *Allium atrosanguineum*

（493）折被韭 *Allium chrysocephalum*

（494）天蓝韭 *Allium cyaneum*

（495）青甘韭 *Allium przewalskianum*

161. 黄精属 *Polygonatum*

（496）卷叶黄精 *Polygonatum cirrhifolium*

三十九、鸢尾科 Iridaceae

162. 鸢尾属 *Iris*

（497）锐果鸢尾 *Iris goniocarpa*

（498）天山鸢尾 *Iris loczyi*

（499）卷鞘鸢尾 *Iris potaninii*

（500）青海鸢尾 *Iris qinghainica*

附录3 动物名录

附录 3-1 重点调查区主要爬行类名录

名称	生境	区系	分布型	数量	保护级别	依据
蜥蜴目 LACERTILIA						
鬣蜥科 Agamidae						
青海沙蜥 *Phrynocephalus vlangalii*	常栖息于青藏高原干旱沙带及镶嵌在草甸、草原之间的沙地和丘状高地	古北种	Pc	++	—	资料

注:分类系统参考《中国两栖纲和爬行纲动物校正名录》(赵尔宓 等,2000)。

附录 3-2 重点调查区主要鸟类名录

名称	居留型	生境	区系	分布型	数量	保护级别	依据
一、䴙䴘目 PODICIPEDIFORMES							
(一)䴙䴘科 Podicipedidae							
1. 黑颈䴙䴘 *Podiceps nigricollis*	旅	见于沼泽、池塘以及湖泊或有覆盖物的溪流	古	Cd	+	—	资料
2. 凤头䴙䴘 *Podiceps cristatus*	夏	栖息于低山和平原地带的江河、湖泊、池塘等水域	古	Ud	++	—	目击
二、鹈形目 PELECANIFORMES							
(二)鸬鹚科 Phalacrocoracidae							
3. 普通鸬鹚 *Phalacrocorax carbo*	夏	栖息于河川、湖沼及海滨,善潜水捕食鱼类	广	O₅	+++	省级	目击
三、鹳形目 CICONIIFORMES							
(三)鹭科 Ardeidae							
4. 苍鹭 *Ardea cinerea*	夏	栖息于江河、溪流、湖泊、水塘、海岸等水域岸边及其浅水处	广	Uh	++	省级	资料
5. 大白鹭 *Egretta alba*	旅	栖息于河流、稻田等水域旁	广	O	++	—	资料

附录 3-2(续)

名称	居留型	生境	区系	分布型	数量	保护级别	依据
6. 牛背鹭 *Bubulcus ibis*	旅	栖息于平原草地、牧场、湖泊、水库、山脚平原和低山水田、池塘、旱田及沼泽地上	东	Wd	+	—	目击

四、雁形目 ANSERIFORMES

（四）鸭科 Anatidae

名称	居留型	生境	区系	分布型	数量	保护级别	依据
7. 灰雁 *Anser anser*	夏	常栖息于水生植物丛生的水边或沼泽地,也见于河口、海滩	古	Uc	++	省级	目击
8. 斑头雁 *Anser indicus*	夏	沼泽及高原泥潭	古	P	+++	省级	目击
9. 赤麻鸭 *Tadorna ferruginea*	夏	栖息于开阔草原、湖泊、农田等环境中	古	Uf	+++	省级	目击
10. 赤颈鸭 *Anas penelope*	旅	分布于湖泊、沼泽及河口地带	古	Ce	+	—	资料
11. 赤膀鸭 *Anas strepera*	旅	喜欢栖息和活动于江河、湖泊、水库、河湾、水塘和沼泽等内陆水域中	古	Uf	+	—	资料
12. 绿翅鸭 *Anas crecca*	夏	繁殖期主要栖息于开阔、水生植物茂盛且少干扰的中小型湖泊和各种水塘中,非繁殖期栖息于开阔的大型湖泊、江河、河口、港湾、沙洲、沼泽和沿海地带	古	Ce	+	—	资料
13. 绿头鸭 *Anas platyrhynchos*	夏	栖息于淡水湖畔,亦成群活动于江河、湖泊、水库、海湾和沿海滩涂盐场的芦苇丛中	古	Cf	++	—	目击
14. 斑嘴鸭 *Anas poecilorhyncha*	夏	栖息于江河、湖泊、沙洲和沼泽地带	东	We	+	省级	资料
15. 针尾鸭 *Anas acuta*	旅	喜沼泽、湖泊、大河流及沿海地带	古	Ce	+	—	资料

名称	居留型	生境	区系	分布型	数量	保护级别	依据
16. 琵嘴鸭 *Anas clypeata*	旅	喜沿海的潟湖、池塘、湖泊及红树林沼泽	古	Cf	+	—	资料
17. 赤嘴潜鸭 *Rhodonessa rufina*	旅	栖息于有植被或芦苇的湖泊或缓水河流	广	O_3	+	—	资料
18. 红头潜鸭 *Aythya ferina*	旅	栖息于有茂密水生植被的池塘及湖泊	古	Cf	+	—	资料
19. 凤头潜鸭 *Aythya fuligula*	冬	常见于湖泊及深池塘	古	Uf	+	—	资料
20. 鹊鸭 *Bucephala clangula*	旅	主要栖息于平原森林地带中的溪流、水塘和水渠中,尤喜湖泊与流速缓慢的江河附近的林中溪流与水塘	古	Cb	+	—	资料
21. 斑头秋沙鸭 *Mergellus albellus*	冬	栖息于小池塘及河流	古	Uc	++	—	目击
22. 普通秋沙鸭 *Mergus merganser*	冬	喜结群活动于湖泊及湍急河流	古	Cb	++	—	目击

五、隼形目 FALCONIFORMES

（五）鹰科 Accipitridae

名称	居留型	生境	区系	分布型	数量	保护级别	依据
23. 玉带海雕 *Haliaeetus leucoryphus*	留	栖息于内陆湖泊、沼泽、高原及贫瘠地区河流	古	Db	++	I	资料
24. 胡兀鹫 *Gypaetus barbatus*	留	栖息于海拔 500～4 000 m 的山地裸岩地区	东	Wb	+++	I	目击
25. 高山兀鹫 *Gyps himalayensis*	留	栖息于海拔 2 500～4 500 m 的高山、草原及河谷地区	广	O_3	+++	II	目击
26. 大鵟 *Buteo hemilasius*	留	常栖息于山地、山脚平原和草原等地区,也出现在高山林缘和开阔的山地草原与荒漠地带	古	Df	+++	II	目击

（六）鹗科 Pandionidae

附录 3-2(续)

名称	居留型	生境	区系	分布型	数量	保护级别	依据
27. 鹗 *Pandion haliaetus*	留	栖息于湖泊、河流、海岸等地，尤其喜欢在山地森林中的河谷或有树木的水域地带，冬季也常到开阔无林地区的河流、水库、水塘地区活动	广	Cd	+	Ⅱ	资料
（七）隼科 Falconidae							
28. 猎隼 *Falco cherrug*	夏	栖息于海拔 600～2 200 m 的开阔田坝区至低山丘陵的稀树草地和林缘地带	古	Ca	+	Ⅱ	资料
六、鹤形目 GRUIFORMES							
（八）鹤科 Gruidae							
29. 黑颈鹤 *Grus nigricollis*	夏	栖息于海拔 2 500～5 000 m 的高原沼泽地、湖泊及河滩地带	古	Pc	+++	Ⅰ	目击
30. 灰鹤 *Grus grus*	旅	栖息于开阔平原、草地、沼泽、河滩、旷野、湖泊以及农田地带	古	Ub	++	Ⅱ	目击
（九）秧鸡科 Rallidae							
31. 白骨顶 *Fulica atra*	夏	栖息于有水生植物的大面积静水或近海的水域	广	O₅	+	—	资料
七、鸻形目 CHARADRIIFORMES							
（十）鸻科 Charadriidae							
32. 金斑鸻 *Pluvialis fulva*	旅	栖息于沿海滩涂、沙滩、开阔多草地区、草地	古	Ca	+	—	资料
33. 环颈鸻 *Charadrius alexandrinus*	夏	栖息于海滨、岛屿、河滩、湖泊、池塘、沼泽、水田、盐湖等湿地之中	广	O₂	+	—	资料
34. 蒙古沙鸻 *Charadrius mongolus*	夏	栖息于沿海海岸、沙滩、河口、湖泊、河流等水域岸边及附近沼泽、草地和农田地带，也出现于荒漠、半荒漠和高山地带的水域岸边及其沼泽地	古	D	++	—	资料

名称	居留型	生境	区系	分布型	数量	保护级别	依据
(十一) 鹬科 Scolopacidae							
35. 黑尾塍鹬 *Limosa limosa*	旅	栖息于平原草地和森林平原地带的沼泽、湿地、湖边及附近的草地与低湿地上	古	Uc	＋	—	资料
36. 中杓鹬 *Numenius phaeopus*	旅	喜沿海泥滩、河口潮间带、沿海草地、沼泽及多岩石海滩	古	Ua	＋	—	资料
37. 白腰草鹬 *Tringa ochropus*	旅	喜小水塘及池塘、沼泽地及沟壑	古	Uc	＋	—	资料
38. 鹤鹬 *Tringa erythropus*	旅	喜鱼塘、沿海滩涂及沼泽地带	古	Ua	＋	—	资料
39. 红脚鹬 *Tringa totanus*	夏	喜泥岸、海滩、盐田、干涸的沼泽及鱼塘、近海稻田	古	Uf	＋	—	资料
40. 林鹬 *Tringa glareola*	旅	栖息于林中或林缘开阔沼泽、湖泊、水塘与溪流岸边,也栖息和活动于有稀疏矮树或灌丛的平原水域和沼泽地带	古	Ua	＋	—	资料
41. 矶鹬 *Actitis hypoleucos*	夏	栖息于低山丘陵和山脚平原一带的江河沿岸、湖泊、水库、水塘岸边,也出现于海岸、河口和附近沼泽湿地	古	Cf	＋	—	资料
42. 小滨鹬 *Calidris minuta*	旅	栖息于开阔平原地带的河流、湖泊、水塘、沼泽等水边及邻近湿地	古	M	＋	—	资料
43. 青脚滨鹬 *Calidris temminckii*	旅	栖息于内陆淡水湖泊浅滩、水田、河流附近的沼泽地和沙洲,在浅水中或草地上觅食	古	Ua	＋	—	资料
44. 弯嘴滨鹬 *Calidris ferruginea*	旅	栖息于沼泽、泥滩、稻田、苇塘和鱼塘	古	Ua	＋	—	资料

名称	居留型	生境	区系	分布型	数量	保护级别	依据
（十二）鸥科 Laridae							
45. 渔鸥 *Larus ichthyaetus*	夏	栖息于三角洲沙滩、内地海域及干旱平原湖泊，常在水上休息，多见于大型湖泊	古	D	＋＋＋	省级	目击
46. 棕头鸥 *Larus brunnicephalus*	夏	繁殖期间栖息于海拔 2 000～3 500 m 的高山和高原湖泊、水塘、河流及沼泽地带	古	Pa	＋＋	省级	目击
47. 银鸥 *Larus argentatus*	旅	夏季栖息于苔原、荒漠和草地上的河流、湖泊、沼泽及海岸与海岛上，冬季主要栖息于海岸及河口地区，迁徙期间亦出现于大的内陆河流与湖泊	古	Ca	＋	—	资料
（十三）燕鸥科 Sternidae							
48. 普通燕鸥 *Sterna hirundo*	夏	栖息于平原、草地、荒漠中的湖泊、河流、水塘和沼泽地带，也出现于河口、海岸、沿海、沼泽与水塘	古	Cc	＋＋＋	—	目击
八、鸽形目 COLUMBIFORMES							
（十四）鸠鸽科 Columbidae							
49. 岩鸽 *Columba rupestris*	夏	主要栖息于山地岩石和悬崖峭壁处	广	O₃	＋＋	—	资料
九、鸮形目 STRIGIFORMES							
（十五）鸱鸮科 Strigidae							
50. 纵纹腹小鸮 *Athene noctua*	留	栖息于低山丘陵、林缘灌丛和平原森林地带，也出现于农田、荒漠和村庄附近的丛林中	古	Uf	＋	Ⅱ	资料
十、戴胜目 UPUPIFORMES							
（十六）戴胜科 Upupidae							
51. 戴胜 *Upupa epops*	夏	栖息于开阔的园地和郊野间的树木上	广	O	＋	省级	资料

附录 3-2(续)

名称	居留型	生境	区系	分布型	数量	保护级别	依据
十一、雀形目 PASSERIFORMES							
(十七)百灵科 Alaudidae							
52. 凤头百灵 *Galerida cristata*	留	栖息于干燥平原、半荒漠及农耕地	广	O₁	++	省级	资料
53. 角百灵 *Eremophila alpestris*	留	栖息于低山丘陵、林缘灌丛和平原森林地带,也出现于农田、荒漠和村庄附近的丛林中	古	C	+	省级	资料
54. 长嘴百灵 *Melanocorypha maxima*	留	栖息于海拔 4 000~4 600 m 的湖泊周围的生草丛植被	古	Pa	++	省级	资料
55. 细嘴短趾百灵 *Calandrella acutirostris*	夏	栖息于多裸露岩石的高山两侧及多草的干旱平原	古	Pf	++	省级	资料
56. 云雀 *Alauda arvensis*	冬	栖息于草地、干旱平原、泥淖及沼泽	古	Ue	+	省级	资料
(十八)燕科 Hirundinidae							
57. 崖沙燕 *Riparia riparia*	夏	喜栖息于湖沼和江河的泥质沙滩或附近的土崖上,主要栖息于沟壑陡壁、山地岩石带	古	Cg	+	—	资料
58. 岩燕 *Hirundo rupestris*	夏	栖息于山区岩崖及干旱河谷	广	O₃	+	—	资料
(十九)鹡鸰科 Motacillidae							
59. 白鹡鸰 *Motacilla alba*	夏	喜活动于河溪边、湖沼、水渠等处,在离水较近的耕地附近、草地、荒坡、路边等处也可见到	广	U	+	—	资料
60. 黄头鹡鸰 *Motacilla citreola*	夏	主要栖息于湖畔、河边、农田、草地、沼泽等各类生境中	古	U	+	—	资料

名称	居留型	生境	区系	分布型	数量	保护级别	依据
（二十）椋鸟科 Sturnidae							
61. 灰椋鸟 *Sturnus cineraceus*	夏	常见于有稀疏树木的开阔郊野及农田	古	X	＋	—	资料
（二十一）鸦科 Corvidae							
62. 喜鹊 *Pica pica*	留	栖息于山地村落、平原林中,常在村庄、田野、山边林缘活动	广	Ch	＋＋	—	资料
63. 红嘴山鸦 *Pyrrhocorax pyrrhocorax*	留	栖息于开阔的低山丘陵和山地	广	O₃	＋＋	—	资料
64. 渡鸦 *Corvus corax*	留	栖息于高山草甸和山区林缘地带	古	Ch	＋＋	—	资料
65. 褐背拟地鸦 *Pseudopodoces humilis*	留	栖息于林线以上有稀疏矮丛的多草平原及山麓地带	古	Pa	＋	—	资料
（二十二）岩鹨科 Prunellidea							
66. 鸲岩鹨 *Prunella rubeculoides*	留	栖息于高山灌丛或草坡、土坎、河滩灌丛地	古	Pd	＋	—	资料
（二十三）鸫科 Turdidae							
67. 赭红尾鸲 *Phoenicurus ochruros*	留	栖息于高山针叶林和林线以上的高山灌丛草地,也栖息于高原草地、河谷、灌丛以及有稀疏灌木生长的岩石草坡、荒漠、农田与村庄附近的小块林内	广	O	＋	—	资料
68. 白喉红尾鸲 *Phoenicurus schisticeps*	留	栖息于高山森林和高原灌丛	古	Hm	＋	—	资料
（二十四）莺科 Sylviidae							
69. 棕腹柳莺 *Phylloscopus subaffinis*	夏	栖息于林缘和草原灌丛地带	东	Sv	＋	—	资料

名称	居留型	生境	区系	分布型	数量	保护级别	依据
(二十五)旋壁雀							
70. 红翅旋壁雀 *Tichodroma muraria*	留	栖息于悬崖和陡坡壁上	广	O	++	—	资料
(二十六)雀科 Passeridae							
71. 白腰雪雀 *Pyrgilauda taczanowskii*	留	栖息于多裸岩的高原、高寒荒漠、草原及沼泽边缘	古	Py	+++	—	目击
72. 棕颈雪雀 *Pyrgilauda ruficollis*	留	栖息于多裸岩的高原、高寒荒漠、草原及沼泽边缘	古	Py	+++	—	目击

注:分类系统参考《中国鸟类分类与分布名录》(郑光美,2011)。

附录 3-3　重点调查区主要兽类名录

名称	生境	区系	分布型	数量	保护级别	依据
一、食肉目 CARNIVORA						
(一)犬科 Canidae						
1. 狼 *Canis lupus*	栖息于森林、沙漠、山地、寒带草原、针叶林、草地	古	Ch	+	—	资料
2. 沙狐 *Vulpes corsac*	栖息于干草原、荒漠和半荒漠地带	古	Dk	+	省级	资料
3. 赤狐 *Vulpes vulpes*	各种类型的草原	古	Ch	+	省级	资料
4. 藏狐 *Vulpes ferrilata*	各种类型的草原	古	Pa	++	—	目击
(二)鼬科 Mustelidae						
5. 香鼬 *Mustela altaica*	栖息于森林、森林草原、高山灌丛及草甸	广	O	+	省级	资料
6. 狗獾 *Meles meles*	栖息于河谷、灌丛、草原及森林	古	Uh	+	—	资料

名称	生境	区系	分布型	数量	保护级别	依据
二、奇蹄目 PERISSODACTYLA						
（三）马科 Equidae						
7. 藏野驴 *Equus kiang*	栖息于海拔 3 600～4 800 m 的高原	古	Pa	+++	I	目击
三、偶蹄目 ARTIODACTYLA						
（四）牛科 Bovidae						
8. 藏原羚 *Procapra picricaudata*	栖息于各种类型的草原	古	Pa	+++	II	目击
9. 岩羊 *Pseudois nayaur*	栖息于高原地区的裸岩和山谷间的草地	古	Pa	+	II	目击
10. 盘羊 *Ovis ammon*	喜在半开阔的高山裸岩带及起伏的山间丘陵生活	古	Pa	+	II	资料
四、兔形目 LAGOMORPHA						
（五）兔科 Leporidae						
11. 高原兔 *Lepus oiostolus*	栖息于海拔 3 100～5 300 m 左右的各种环境	古	Pa	++	—	资料
（六）鼠兔科						
12. 黑唇鼠兔 *Ochotona curzoniae*	栖息于海拔 3 200～5 200 m 的高山、草原化草甸、草甸化草原、高寒草甸及高寒荒漠草原带	古	P	+++	—	目击
五、啮齿目 RODENTIA						
（七）仓鼠科 Cricetidae						
13. 根田鼠 *Microtus oeconomus*	栖息于海拔 2 000～3 800 m 的山地、森林、草甸草原、草甸、灌丛和高寒草甸、草原等地带	古	Ua	++	—	资料
14. 高原鼢鼠 *Eospalax fontanierii*	栖息于高寒草甸、草甸化草原、草原化草甸、高寒灌丛、高原农田、荒坡等比较湿润的河岸阶地、山间盆地、滩地和山麓缓坡	古	Bc	++	—	资料

名称	生境	区系	分布型	数量	保护级别	依据
（八）松鼠科 Sciuridae						
15. 喜马拉雅旱獭 *Marmota himalayana*	栖息于 1 500～4 500 m 的高山草原	古	Pa	＋＋＋	—	目击

注:分类系统参考《中国哺乳动物种和亚种分类名录与分布大全》(王应详,2003)。